Hausschlachten

Bernhard Gahm

Hausschlachten

Schlachten, Zerlegen, Wursten

4. Auflage

107 Farbfotos von Fridhelm Volk
5 Zeichnungen

Verlag Eugen Ulmer

Vorwort
zur 4. überarbeiteten Auflage

Es sind nun fast zehn Jahre vergangen, seit die Erstauflage meines Buches „Hausschlachten" erschienen ist. Ich hätte nie damit gerechnet, dass die Nachfrage für dieses Buch so ungebrochen hoch ist. Beim Verfassen der Erstauflage ging ich davon aus, dass das Buch sowohl für den Laien als auch für den Profi gedacht ist. Weil die Geschmäcker sehr verschieden sind, hatte ich dem Rezeptteil eine eher untergeordnete Rolle eingeräumt. Da jedoch das Interesse von Hobbywurstern an einem Rezeptbuch groß war, bin ich diesem Wunsch mit dem Buch „Würste, Sülzen, Pasteten selbst gemacht", das 1998 erschien, nachgekommen.

Die typische Hausschlachtung ist heutzutage nur noch selten anzutreffen: sie wird heute fast ausschließlich in Schlachtküchen beim Hausmetzger durchgeführt. In den letzten Jahre hat außerdem die landwirtschaftliche Direktvermarktung weiter zugenommen. Durch BSE und MKS werden die Verbraucher von Fleisch- und Wurstwaren leider stark verunsichert.

Die professionelle Hausschlachtung und Direktvermarktung von Fleisch bzw. Fleischerzeugnissen unterliegt umfangreichen Gesetzen bzw. rechtlichen Bestimmungen, die besonders im Hinblick auf die oben genannten Entwicklungen immer wieder geändert werden. In dieser 4. Auflage des Buches wurde das Kapitel „Rechtliche Grundlagen" komplett neu überarbeitet, um dem Profi ein aktuelles Nachschlagewerk zur Verfügung zu stellen. Die meisten der die Hausschlachtung betreffenden Gesetze und Verordnungen sind bundeseinheitlich. Im Bereich der Handwerksordnung beispielsweise finden sich jedoch regionale Unterschiede. Ich habe mich bemüht, diese neuen rechtlichen Grundlagen korrekt und verständlich zu verfassen. Ohne Mithilfe der am Buchende aufgeführten Behörden und Personen wäre das jedoch nicht möglich gewesen. Deshalb spreche ich an dieser Stelle allen Beteiligten meinen innigsten Dank aus.

Es ist nicht möglich, sämtliche Gesetze und Verordnungen im Rahmen dieses Buches komplett zu erwähnen. Natürlich sind deren Inhalte laufenden Änderungen unterworfen. Es kann daher keine Garantie auf Vollständigkeit und Richtigkeit der rechtlichen Grundlagen und somit keine Haftung übernommen werden. Ich weise hier ausdrücklich darauf hin, beim Neueinstieg oder bei Unklarheiten Rücksprache mit den entsprechenden Behörden zu nehmen, denn, wie ein altes Sprichwort sagt, „Unwissenheit schützt nicht vor Strafe".

Ich hoffe, dass die überarbeitete Neuauflage weiterhin Ihr kompetenter und hilfreicher Ratgeber beim Hausschlachten und Direktvermarkten sein wird.

Jagstberg, im Juni 2002   Bernhard Gahm

Inhaltsverzeichnis

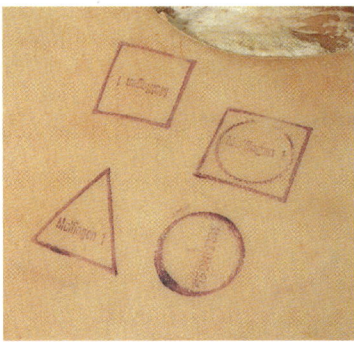

Inhaltsverzeichnis

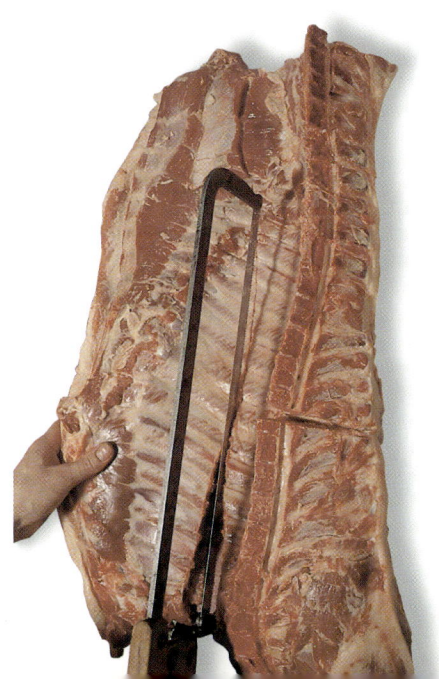

Rechtliche Grundlagen

Gewerberechtliche Bestimmungen

Nicht als Gewerbe anzeigepflichtig

Nach der Gewerbeordnung gehört der Verkauf selbst erzeugter landwirtschaftlicher Produkte der Urproduktion an. Somit liegt kein Gewerbe zugrunde und braucht nicht bei der Gemeinde angezeigt zu werden. Bei der Direktvermarktung von Fleischwaren gilt dies nur, wenn die Zerlegung über Schweinehälften und Rinderviertel nicht hinausgeht.

Folgen

Der Verkauf unterliegt nicht den gesetzlichen Ladenschlusszeiten, sofern er nicht von einer festen Verkaufsstelle (z. B. einem Hofladen) aus durchgeführt wird. Der regelmäßige Verkauf z. B. aus der Scheune heraus ist genauso an das Ladenschlussgesetz gebunden.

Hygienische Anforderungen sowie lebensmittel-, handels- und preisrechtliche Kennzeichnungspflichten gelten in jedem Fall.

Anzeigepflicht

Hausschlachtungen:
Der Hausmetzger, der Schlachtungen für den jeweiligen Tierhalter durchführt, hat diese Art von Tätigkeit bei der Gemeinde als Gewerbe anzumelden. Bei wenigen Schlachtungen ist dies jedoch nicht anzeigepflichtig. Die Stückzahl variiert nicht nur zwischen den Bundesländern, sondern oft schon in den einzelnen Regionen. Man kann von 20–30 Schlachtungen pro Jahr ausgehen.

Offenes Ladengeschäft:
Das offene Ladengeschäft ist als stehendes Gewerbe nach der Gewerbeordnung bei der Gemeinde anzuzeigen.

Verkauf im Reisegewerbe:
Neben dem stehenden Gewerbe ist nach der Gewerbeordnung auch das so genannte Reisegewerbe bekannt. Dieses erfordert grundsätzlich eine Erlaubnis, die Reisegewerbekarte.

Reisegewerbekartenfreie Tätigkeiten sind: das Ausfahren von bestellten Waren, der Verkauf (regelmäßige Touren, Straßenverkauf, Haustürgeschäfte ohne regelmäßige Touren) selbst gewonnener Erzeugnisse aus Land- und Forstwirtschaft, der Verkauf verarbeiteter Erzeugnisse (diese zählen zu „selbst gewonnenen Erzeugnissen", wenn die verwendeten Zutaten vom Anbieter selbst erzeugt wurden), der Zukauf von Erzeugnissen in geringem Umfang, der Verkauf von Lebensmitteln von einem Verkaufsfahrzeug aus in regelmäßigen, kürzeren Zeitabständen (ein bis max. zwei Wochen) an derselben Stelle.

Ob es sich bei dem Vertrieb tierischer Produkte durch den Erzeuger um eine reisegewerbekartenfreie Tätigkeit handelt oder nicht, ist in der Gewerbeordnung nicht eindeutig geklärt. Werden Produkte der Sekundärstufe (z. B. Fleisch oder Wurst) verkauft, so ist dies auf jeden Fall als Gewerbe anzeigepflichtig.

Vertreibt der Direktvermarkter im Reisegewerbe neben seinen selbst erzeugten Produkten auch Waren des täglichen Bedarfs bzw. zugekaufte Produkte, muss er unter Umständen sein Gewerbe anmelden. Eine Reisegewerbekarte benötigt er aber nicht. Hierbei sind die Grenzen jedoch nicht eindeutig definiert. Das ist vor allem ein Problempunkt bei der Zukaufsgrenze. Es gibt eine Bagatellgrenze von 10 % des Gewerbeumsatzes. Diese Grenze wird in der Regel aber überschritten. Somit liegt die Entscheidung oft bei der Behörde.

Verkauf auf dem Wochenmarkt:
Wenn ein Wochen- oder Bauernmarkt auf Antrag des Veranstalters (z. B. Bauernmarkt-

Verein) von der Gemeinde festgesetzt wird, ist laut Gewerbeordnung weder eine Gewerbeanzeige noch eine Reisegewerbekarte erforderlich. Es ist jedoch anzumerken, dass frisches Fleisch untersuchungspflichtiger Tiere ausschließlich aus speziellen Verkaufswagen abgegeben werden darf (im Einzelfall beim Veterinäramt nachfragen!).

Handwerksrechtliche Bestimmungen

Gemäß dem Gesetz zur Ordnung des Handwerks muss der selbstständige Betrieb eines Handwerks in die Handwerksrolle eingetragen werden. Dabei sind Größe und Umfang des Betriebs nicht von Bedeutung. Wird eine Tätigkeit ohne diese Eintragung durchgeführt, so ist das vom Gesetz her ordnungswidrig. Damit diese Eintragungspflicht bei geringeren Umsätzen entfallen kann, ist es sehr wichtig, dass die Schlachtaktivitäten in einem unselbstständigen handwerklichen Nebenbetrieb zur Landwirtschaft ausgeführt werden.

Die Betätigung als Hausmetzger

Die Durchführung von Hausschlachtungen ist zweifellos eine wesentliche Teiltätigkeit im Berufsbild des Fleischers und daher grundsätzlich eintragungspflichtig. Das bedeutet, dass normalerweise jeder Hausmetzger, der gegen Entgelt tätig wird, die Meisterprüfung besitzen muss und in die Handwerksrolle einzutragen ist.

Die Handwerkskammer verkennt nicht die Schwierigkeiten, die sich durch die umseitig aufgeführten gesetzlichen Bestimmungen ergeben, wenn im Einzelfall nur in sehr geringem Umfang Hausschlachtungen im Lohnauftrag durchgeführt werden. In Zusammenarbeit mit den zuständigen Berufsorganisationen wurden daher folgende Grundsätze festgelegt:

1. Falls ein Hausmetzger jährlich unter 30 Hausschlachtungen durchführt und dies der Kammer gegenüber ausdrücklich schriftlich bestätigt, kann auf eine Handwerksrolleneintragung verzichtet werden. Die Kammer behält sich dabei vor, anhand des Fleischbeschau-Gebührenverzeichnisses überprüfen zu lassen, ob die Angaben richtig sind. Selbstverständlich dürfen in diesem Falle nur Lohnarbeiten ausgeführt und keinesfalls Fleisch- und Wurstwaren auf eigene Rechnung weiterverkauft werden. Unrichtige Angaben ziehen ein Ordnungswidrigkeitsverfahren und ein förmliches Untersagungsverfahren nach sich.
2. Hausschlachter, die mehr als 30 Schlachtungen durchführen, sind eintragungspflichtig. Sie haben ihre Tätigkeit entsprechend einzuschränken oder erforderlichenfalls die Meisterprüfung unverzüglich nachzuholen. Eine Fortführung der Tätigkeit im bisherigen Umfang ohne Handwerksrolleneintragung führt ebenfalls zu einem Untersagungsverfahren. Außerdem sieht die Handwerksordnung empfindliche Bußgelder wegen des Verstoßes gegen die Handwerksordnung vor.
3. Fleischermeister, die Hausschlachtungen durchführen und noch nicht als Inhaber selbstständiger Betriebe in die Handwerksrolle eingetragen sind, haben die Handwerksrolleneintragung ebenfalls unverzüglich zu beantragen.
4. Hausschlachter, die Fleischwaren gegen Entgelt in Umlauf bringen, sind unabhängig vom Umsatz eintragungspflichtig.

11

12

Der landwirtschaftliche Direktvermarkter

Im Rahmen eines unerheblichen handwerklichen Nebenbetriebs kann ein Landwirt die bei der Direktvermarktung anfallenden handwerklichen Tätigkeiten ohne Eintragung in die Handwerksrolle selbst verrichten.

Ein handwerklicher Nebenbetrieb liegt nur dann vor, wenn

1. der Nebenbetrieb wirtschaftlich, organisatorisch und fachlich mit dem landwirtschaftlichen Hauptbetrieb verbunden ist;
2. der Umsatz des Nebenbetriebs den des Hauptbetriebs nicht übersteigt;
3. der Nebenbetrieb der Steigerung des Gewinns des Hauptbetriebs dient.

Sind die Voraussetzungen für die Einstufung als handwerklicher Nebenbetrieb nicht erfüllt, so liegt ein handwerklicher Hauptbetrieb vor, der in die Handwerksrolle einzutragen ist. Voraussetzung ist die Meisterprüfung als Fleischer oder eine Ausnahmebewilligung. Der Antrag für eine Ausnahmebewilligung wird bei der örtlich zuständigen Handwerkskammer gestellt. Das Regierungspräsidium bzw. die höhere Verwaltungsbehörde entscheidet dann über die Art und Umfang der Erteilung.

Die Ausnahmebewilligungen können folgendermaßen aussehen:

1. Einschränkung auf spezielle Tätigkeit (z. B. Hausschlachterei)
2. Uneingeschränkte Erteilung, wenn meisterähnliche Kenntnisse vorhanden

Bei beiden Arten der Bewilligungen müssen die bestehenden Berufserfahrungen gegenüber der Handwerkskammer nachgewiesen werden. Ist das nicht möglich, kann eine Prüfung auf dem beantragten Fachgebiet abverlangt werden.

Unerheblich und somit nicht eintragungspflichtig im Sinne der Handwerksordnung ist die Tätigkeit eines handwerklichen Nebenbetriebs dann, wenn sie während eines Jahres den durchschnittlichen Umsatz und die durchschnittliche Arbeitszeit eines ohne Hilfskräfte arbeitenden Betriebes des betreffenden Handwerkszweigs nicht übersteigt. Für die Fleischverarbeitung entspricht dies einem Jahresumsatz von ca. 30.000 Euro.

Die Unterscheidung des Nebenbetriebs vom Hilfsbetrieb

Wird ein Handwerk nur im Rahmen eines Hilfsbetriebs ausgeübt, so gelten die Zulassungsbestimmungen der Handwerksordnung, anders als beim Nebenbetrieb, nicht. Aus diesem Grund kommt der Unterscheidung der beiden Betriebstypen erhebliche Bedeutung zu. Vereinfacht ausgedrückt gilt: Der Nebenbetrieb dient der zusätzlichen Gewinnerzielung des Hauptbetriebs, der Hilfsbetrieb aber nur seiner Kostenersparnis. Der Nebenbetrieb hat somit unmittelbaren Zugang zum Markt, er stellt Waren für Dritte her oder bewirkt für sie Leistungen, während der Hilfsbetrieb – von den unten erwähnten Sonderfällen abgesehen – seine Leistungen nur dem Hauptbetrieb gegenüber erbringt und es diesem überlässt, die Marktverbindung herzustellen. Die Existenz des Hauptbetriebs ist Voraussetzung für die Lebensfähigkeit des Hilfsbetriebs, dagegen kann der Nebenbetrieb – gegebenenfalls nach Ergänzung gewisser betrieblicher Einrichtungen – weiter am Markt bleiben, auch wenn der Hauptbetrieb untergeht. In der Regel wird der Nebenbetrieb durch Wegbrechen des Hauptbetriebs selbst zum Hauptbetrieb und damit eintragungspflichtig in die Handwerksrolle.

Ein Beispiel verdeutlicht den Unterschied zwischen den beiden Betriebstypen: Werden Fleisch- und Wurstwaren nur zur Abgabe in der eigenen Gastwirtschaft hergestellt, unterhält der Gewerbetreibende einen Hilfsbetrieb; werden diese Fleisch- und Wurstwaren aber von ihm auch an Dritte verkauft, so liegt – zumindest – ein handwerklicher Nebenbetrieb des Fleischerhandwerks vor.

Anders als beim Nebenbetrieb ist zwischen Hauptbetrieb und Hilfsbetrieb keine fachliche Verbundenheit zu fordern.

Steuerrechtliche Bestimmungen

Hier wird ebenfalls zwischen dem Hausschlachter als Lohnschlachter und dem Direktvermarkter unterschieden.

Hausschlachtung

Der Hausmetzger verrichtet seine Arbeit als selbstständiger Gewerbetreibender oder im unselbstständigen Nebenerwerb. Hierbei wird nicht unterschieden, ob die Schlachtung beim Tierbesitzer oder zu Hause beim Hausmetzger in der Schlachtküche durchgeführt wird. Im Falle eines selbstständigen Gewerbetreibenden werden seine Einkünfte als Einkünfte aus Gewerbebetrieb eingestuft. Er kann dabei seine Ausgaben von den Einnahmen abziehen und ermittelt somit das zu versteuernde Einkommen. Hat der Hausmetzger noch andere Einkunftsarten, so wird dieses Einkommen seinem anderen zu versteuernden Einkommen hinzugezählt. Hausschlachten ist vom Grundsatz her gewerbesteuerpflichtig. Dabei muss der Freibetrag von 24.450,– Euro überschritten werden (Einnahmen – Ausgaben). Da der Hausschlachter seine Arbeiten meist im Nebenerwerb verrichtet, tritt dieser Fall so gut wie nie auf.

Liegt der Umsatz in der Hausschlachterei unter 16.620,– Euro, so entsteht keine Mehrwertsteuerzahllast. Von der Mehrwertsteuer kann die anfallende Vorsteuer abgezogen werden. Bei Erreichen dieser Grenze muss diese ausgewiesen werden. Die Differenz wird an das Finanzamt abgeführt.

Direktvermarktung

Die Vermarktung ist eine Tätigkeit des landwirtschaftlichen Betriebs, wenn die eigenen Erzeugnisse entweder an Kunden ausgeliefert werden oder in Räumen verkauft werden, die nicht besonders für den Verkauf hergerichtet sind (z. B. Keller, Scheune). Somit bildet der landwirtschaftliche Betrieb die Grundlage.

Verkaufsstelle auf dem Hof

Die Verkaufsstelle auf dem Hof (auch das Ladengeschäft, wenn es mit dem Erzeugerbetrieb räumlich zusammenhängt) ist Bestandteil des landwirtschaftlichen Betriebs. Werden fremde Produkte in bestimmten Grenzen zugekauft bzw. hält sich die hofeigene Verarbeitung in bestimmten Grenzen zum landwirtschaftlichen Betrieb, d. h. erste Verarbeitungsstufe (z. B. Schweinehälften, Rinderviertel), so findet der Verkauf steuerlich gesehen noch im Rahmen des landwirtschaftlichen Betriebs statt.

Marktstand

Werden Erzeugnisse über den eigenen Marktstand verkauft, so ist dieser steuerlich gesehen Teil des landwirtschaftlichen Betriebs, wenn sich der Zukauf in Grenzen hält bzw. sich auch hier die hofeigene Verarbeitung auf der Ebene der ersten Verarbeitungsstufe hält.

Eigenes Handelsgeschäft

Betreibt ein Landwirt ein eigenständiges Handelsgeschäft (z. B. Einzelhandelsbetrieb), so stellt sich die Frage, ob Erzeugerbetrieb und

Handelsgeschäft einen einheitlichen Betrieb oder zwei selbstständige Betriebe darstellen. Ein einheitlicher Betrieb liegt dann vor, wenn

1. mehr als 40 % der eigenen Erzeugnisse über das Handelsgeschäft verkauft werden und dieser Verkauf im Handelsgeschäft nicht von untergeordneter Bedeutung ist;
2. bis zu 40 % der eigenen Erzeugnisse über das Handelsgeschäft verkauft werden und der Einkaufswert der fremden Erzeugnisse nicht mehr als 30 % des Umsatzes des Handelsgeschäfts ausmacht.

Besteht ein einheitlicher Betrieb, so bestimmt der Umfang der zugekauften fremden Erzeugnisse, ob ein einheitlicher landwirtschaftlicher Betrieb oder ein einheitlicher Gewerbebetrieb vorliegt.

Zukauf fremder Erzeugnisse

Fremde Erzeugnisse sind nicht solche Erzeugnisse, die im Rahmen des Erzeugerprozesses im eigenen Betrieb verwendet werden (z. B. Ferkel oder Kälber, die im Betrieb erst gemästet werden.). Der Zukauf von betriebstypischen landwirtschaftlichen Erzeugnissen ist begrenzt zulässig. So darf z. B. ein Schweinemäster, der Schweinefleisch oder Wurst vermarktet, z. B. Rinder für die Zerlegung zukaufen, sofern dabei der Einkaufswert der zugekauften fremden Erzeugnisse, die vermarktet werden, 30 % seines Gesamtumsatzes nicht übersteigt.

Kauft der Betrieb nur einzelne Fleischteile oder Würste (z. B. Salami) zu, so sind diese Produkte für den Betrieb nicht mehr betriebstypisch. Davon sind nur 10 % erlaubt.

Treffen die o.g. Kriterien zu, so liegt grundsätzlich ein landwirtschaftlicher Betrieb vor. Ein Betrieb wird nur dann gewerblich, wenn die Zukaufsgrenze nachhaltig (d. h. über 3 Jahre lang) überschritten wird. Ein einmaliges Überschreiten ist unschädlich.

Anteil hofeigener Vermarktung am landwirtschaftlichen Betrieb

Dieser Punkt ist immer noch sehr umstritten und es gibt keine klare Regelung dafür. Es existiert ein Urteil des Bundesfinanzhofes, das aussagt, dass der Anteil einer gewerblichen hofeigenen Vermarktung maximal 10 % vom Hauptbetriebsumsatz (landwirtschaftlicher Betrieb) betragen darf, damit der Betrieb landwirtschaftlichen Charakter beibehält. Darüber hinaus existiert ein Nichtanwendungserlass.

Absatz selbst hergestellter gewerblicher Erzeugnisse

Ein Nebenbetrieb der Landwirtschaft liegt vor, wenn Erzeugnisse auf der ersten Stufe der Be- oder Verarbeitung (Schweinehälften und Rinderviertel) hergestellt werden. Werden Erzeugnisse weiter veredelt (einzelne Teilstücke von Fleisch oder Wurst), so besteht neben dem Betrieb der Landwirtschaft ein Gewerbebetrieb. Eine natürliche Person erzielt in diesem Fall neben Einkünften aus der Landwirtschaft auch Einkünfte aus dem Gewerbebetrieb.

Die Angebotsabrundung mit selbst hergestellten hofeigenen Erzeugnissen der 2. Verarbeitungsstufe gilt nur für den Nebenbetrieb. Das ist nur sehr selten für den Direktvermarkter anwendbar.

Beispiel: Ein Schweinemäster betreibt einen landwirtschaftlichen Nebenbetrieb, in dem er seine Schweine schlachtet und die Schweinehälften verkauft (kommt eher selten vor). Nun darf er in diesem Nebenbetrieb bis zu 10.225 Euro netto gewerblich Wurst herstellen, ohne als gewerblich zu gelten. Sein Schweinehälftenumsatz muss wesentlich darüber liegen, sonst kann man nicht von Angebotsabrundung sprechen.

Ein Direktvermarkter ohne Schweinehälften-Nebenbetrieb kann die steuerfreie Angebotsabrundung z. B. mit Hausmacherwurst nicht in Anspruch nehmen.

Auswirkungen einer gewerblichen Tätigkeit

Einzelunternehmen:

Betreibt ein Landwirt seinen Betrieb als Einzelunternehmen und wird er hierbei auch in solchem Umfang gewerblich tätig, dass neben dem landwirtschaftlichen Betrieb ein Gewerbebetrieb vorliegt, ergeben sich für diesen Teil folgende Auswirkungen:

1. Bei Überschreitung des Gewerbeertrags von 24.450 Euro fällt Gewerbesteuer an.
2. Liegt der Umsatz des Gewerbebetriebs über 16.620 Euro inkl. Mehrwertsteuer, dann gilt der Betrieb nicht mehr als Kleinstunternehmer und wird umsatzsteuerpflichtig.
3. Die gewerbliche Tätigkeit ist nach dem Einkommensteuergesetz nicht begünstigt (kein Freibetrag und Steuerabzugsbetrag).
4. Die im gewerblichen Bereich gezahlten Aushilfslöhne sind mit 20 % oder 25 % zu versteuern.

Personengesellschaften:

Ist eine Personengesellschaft Inhaberin eines landwirtschaftlichen Betriebes, der auch gewerblich tätig ist, liegt insgesamt ein Gewerbebetrieb vor. Man spricht auch von „Infektionsgrundsatz" oder „Versäuerung". Hier ist Vorsicht geboten: Ist bei Ehegatten das Eigentumsverhältnis in Form von Gütergemeinschaft oder gesetzlichem Güterstand zur Hälfte geteilt, so fällt der Betrieb auch in diese Regelung.

Beispiel: Ein Ehepaar bewirtschaftet einen pauschal besteuerten landwirtschaftlichen Betrieb. Seit kurzer Zeit betreiben sie landwirtschaftliche Direktvermarktung und erzie-

len hieraus einen Umsatz von 13.000 Euro. Ist dieser Umsatz aus der Direktvermarktung nicht landwirtschaftlich, sondern gewerblich, so wird der komplette landwirtschaftliche Betrieb zum Gewerbebetrieb.

Dies bedeutet, dass

1. der gesamte Betrieb gewerbesteuerpflichtig wird,
2. weder der Freibetrag für Land- und Forstwirte noch die Steuerermäßigung nach dem Einkommensteuergesetz in Betracht kommen,
3. sämtliche Aushilfslöhne, die pauschal versteuert werden, dem Steuersatz von 20 % bzw. 25 % unterliegen (nicht dem begünstigten Steuersatz für landwirtschaftliche Aushilfskräfte von 5 %),
4. die Umsatzbesteuerung nach dem Regelverfahren wie bei Gewerbebetrieben erfolgt.

Ein Ausweg könnte hier sein, dass eine Betriebsteilung vorgenommen wird, d. h. dass die gewerbliche Tätigkeit auf einen anderen Gesellschafter oder eine andere Personengesellschaft ausgelagert wird.

Tierschutzgesetz

Die Betäubung vor der Schlachtung ist Pflicht.

Nach dem Tierschutzgesetz darf nur schlachten, wer des Schlachtens kundig ist. Personen mit Gesellenprüfung als Fleischer bzw. Gehilfenprüfung in einem landwirtschaftlichen Beruf erfüllen die Voraussetzungen. Langjährige Hausschlachter ohne Gesellenprüfung müssen dagegen noch einen Sachkundenachweis erbringen. Das Veterinäramt kann verlangen, beim Schlachtvorgang dabei zu sein, um sich einen Eindruck vom tierschutzgerechten Vorgang des Schlachtens zu verschaffen. Bei wiederholtem Fehlverhalten kann das Schlachten untersagt werden.

Schächten ist nur für bestimmte Religionsgruppen mit Genehmigung des Veterinäramts erlaubt.

Die Forderungen der Tierschutz-Schlachtverordnung vom 03.03.1997 müssen eingehalten werden.

Lebensmittel- und Arzneimittelrecht

Tiere, die der Lebensmittelgewinnung dienen, dürfen nur mit dafür zugelassenen Arzneimitteln behandelt werden.

Die Anwendung von verschreibungspflichtigen Arzneimitteln ohne tierärztliche Behandlung ist verboten.

Wartezeiten müssen nach der letztmaligen Verabreichung eines Arzneimittels eingehalten werden.

Höchstmengenvorschriften

Die Rückstands-Höchstmengenverordnung bestimmt Höchstmengen verschiedener Substanzen, die als Rückstände von Pflanzenschutzmitteln in den einzelnen Lebensmitteln tierischer und pflanzlicher Herkunft nicht überschritten werden dürfen.

Bei der Erzeugung und Vermarktung tierischer Produkte ist die Verordnung über Stoffe mit pharmakologischer Wirkung zu beachten. Sie enthält Anwendungsverbote für bestimmte Stoffe wie Antibiotika, Zartmacher und Hormone. Die Anwendung solcher Stoffe ist jeweils für bestimmte Tierarten und Anwendungsbereiche (z. B. Beeinflussung der Fleischbeschaffenheit) verboten.

Das In-den-Verkehr-Bringen von tierischen Erzeugnissen, bei denen die Grenzwerte der Schadstoff-Höchstmengenverordnung überschritten werden (z. B. Quecksilber), ist verboten.

Hygienevorschriften bei Hausschlachtungen bzw. Direktvermarktung

Bevor weiter ins Detail gegangen wird, wird an dieser Stelle näher auf den Begriff „Hausschlachtung" eingegangen.

Eine Hausschlachtung im eigentlichen Sinne liegt nur dann vor, wenn die Schlachtung und Verarbeitung beim Tierbesitzer stattfindet und das Fleisch ausschließlich im eigenen Haushalt des Besitzers verwendet wird. Auch der Verbraucher, der sein zuvor beim Landwirt gekauftes Schwein dort zu Hause eigenverantwortlich mit einem Hausschlachter schlachtet, ist Tierbesitzer und vollzieht eine Hausschlachtung. Jeglicher Verkauf von Fleisch und Fleischerzeugnissen an Dritte ist verboten; Verschenken ist erlaubt.

Sobald die Schlachtung und Verarbeitung nicht beim Tierbesitzer stattfindet bzw. Fleisch an andere abgegeben wird, handelt es sich nicht mehr um diese Form der Hausschlachtung, was dazu führt, dass grundsätzlich alle aufgeführten Hygienevorschriften zu beachten sind.

Diese Vorschriften gelten also nicht nur für Direktvermarkter von Fleisch und -erzeugnissen, sondern auch für Hausschlachter, die bei sich zu Hause in so genannten Schlachtküchen Tiere schlachten und verarbeiten, die ausschließlich vom Tierbesitzer verwendet werden. In den meisten Fällen erfordert der Einstieg in die Direktvermarktung von Fleisch Investitionen, z. B. für Aus- und Umbaumaßnahmen von Schlacht- und Zerlegeräumen sowie Kühlanlagen. Es wird deshalb den Betroffenen geraten, schon in der Planungsphase Kontakt mit den zuständigen Stellen

16

aufzunehmen und sich beraten zu lassen, z. B. ob im Einzelnen der Bau eines eigenen Schlachtraums wirtschaftlich sinnvoll ist oder ob nicht alternativ in einem Schlachthof in der Nähe geschlachtet wird.

Lebensmittel- und Bedarfsgegenständegesetz

Zahlreiche Gesetze und Verordnungen schützen den Verbraucher vor gesundheitlichen Gefahren und vor Täuschung. Kernstück des Lebensmittelrechts ist das Lebensmittel- und Bedarfsgegenständegesetz, in dem unter anderem eine Reihe allgemeiner Verbote und Gebote zum Schutz der Gesundheit und zum Schutz des Verbrauchers vor Täuschung enthalten sind. So ist z. B. untersagt:

1. Lebensmittel herzustellen oder in den Verkehr zu bringen, die geeignet sind, die menschliche Gesundheit zu schädigen,
2. Lebensmittel unter irreführender Bezeichnung, Angabe oder Aufmachung in den Verkehr zu bringen,
3. für Lebensmittel mit irreführenden Aussagen Darstellungen und Aufmachungen zu werben,
4. Bedarfsgegenstände, wie z. B. Arbeitsgeräte, Geschirr, Verpackungsmaterial bei Lebensmitteln so zu verwenden, dass deren Verzehr zu Gesundheitsschäden führen kann,
5. Erzeugnisse, die mit Lebensmitteln verwechselt werden können, nicht derart herzustellen, zu behandeln oder in den Verkehr zu bringen, dass durch sie eine Gefährdung der Gesundheit hervorgerufen wird.

Das Lebensmittel- und Bedarfsgegenständegesetz ist als zentrales Dach- und Rahmengesetz konzipiert. Es vereint in sich die Regelungen

für vier Erzeugnisgruppen (Lebensmittel, Tabakerzeugnisse, kosmetische Mittel, sonstige Bedarfsgegenstände) und enthält nur die allgemeinen Regelungen.

Betriebskontrollen von Lebensmitteln erfolgen in der Regel durch Lebensmittelkontrolleure. Diese arbeiten eng mit den Veterinärämtern zusammen, die wiederum den unteren Verwaltungsbehörden (z. B. Landratsämtern) angegliedert sind.

In Baden-Württemberg erfolgen die Kontrollen von Lebensmitteln durch die Wirtschaftskontrolldienste der Polizeidirektionen, oft gemeinsam mit Sachverständigen der Veterinärbehörden bei den Landratsämtern, welche zugleich auch die unteren Lebensmittelüberwachungsbehörden sind. Weitere Betriebskontrollen finden in Zusammenarbeit dieser beiden Dienststellen auch mit Sachverständigen der Gesundheitsbehörden und den Chemischen und Tierärztlichen Untersuchungseinrichtungen statt. Sämtliche Betriebskontrollen erfolgen in der Regel unangemeldet.

Lebensmittel-Hygieneverordnung

Man unterscheidet zwischen gewerblicher und gewerbsmäßiger Tätigkeit. Beides sind unternehmerische Tätigkeiten.

Gewerbliche Tätigkeiten sind Tätigkeiten in einem Gewerbebetrieb.

Eine gewerbsmäßige Tätigkeit ist eine auf Gewinn ausgerichtete Tätigkeit, die auch in einem Nicht-Gewerbebetrieb stattfindet. Alle Verkaufsaktivitäten eines landwirtschaftlichen Direktvermarkters (Eier, Kartoffeln, Schweinehälften) sind gewerbsmäßiger Art und unterliegen deshalb der Lebensmittel-Hygieneverordnung.

In der Lebensmittel-Hygieneverordnung ist das gewerbsmäßige Herstellen, Behandeln

18

oder In-den-Verkehr-Bringen von Lebensmitteln geregelt. Die Lebensmittel-Hygieneverordnung gilt als Mindeststandard für sämtliche Lebensmittel. Für die Herstellung und Bearbeitung von Fleisch und -erzeugnissen gilt speziell die Fleisch-Hygieneverordnung. Lediglich der Verkauf von Fleisch- und Wurstwaren unterliegt der Lebensmittel-Hygieneverordnung. Auf die letztere wird an dieser Stelle nicht näher eingegangen.

Fleischhygienegesetz

Das Fleischhygienegesetz sieht für Rinder, Schweine, Schafe, Ziegen, andere Paarhufer, Pferde, andere Einhufer und Kaninchen vor und nach der Schlachtung eine amtliche Untersuchung vor. Diese besteht aus der Schlachttieruntersuchung am lebenden Tier und der nach der Schlachtung durchgeführten Fleischuntersuchung. Schweine müssen nach der Schlachtung zusätzlich auf Trichinen untersucht werden.

Die Schlachtung ist beim amtlichen Tierarzt oder Fleischbeschauer rechtzeitig anzumelden.

Die Fleischuntersuchung kann ergeben:
a) Taugliches Fleisch (runder Stempel) und somit tauglich zum Genuss für Menschen.
b) Untaugliches Fleisch (dreieckiger Stempel) und somit untauglich zum Genuss für Menschen. Das Fleisch ist nach den Vorschriften des Tierkörperbeseitigungsrechts zu beseitigen.
c) Tauglich nach Brauchbarmachung. Ist das Fleisch zum Genuss für den Menschen bedingt tauglich, wird das Fleisch vorläufig beschlagnahmt. Es wird festgelegt, unter welchen Sicherheitsmaßregeln das Fleisch zum Genuss für den Menschen brauchbar gemacht werden kann (z. B. kann das Fleisch von Rindern durch ein Gefrierverfahren, das Fleisch von Ebern durch Pökeln

und Kochen brauchbar gemacht werden). Werden solche Maßnahmen zur Brauchbarmachung nicht durchgeführt, ist das Fleisch untauglich.

Tierkörperbeseitigungsgesetz

Untaugliches Fleisch und nicht zum menschlichen Verzehr bestimmte Teile müssen einer Tierkörperbeseitigungsanstalt zugeführt werden. Das Abholen von Schlachtabfällen und untauglichem Fleisch ist kostenpflichtig.

Fleischhygiene-Verordnung

Nach der Fleischhygiene-Verordnung müssen sich direktvermarktende Betriebe bei der zuständigen Behörde (Veterinäramt) unter Erteilung einer Registriernummer registrieren lassen. Die Betriebe müssen hygienische Mindeststandards einhalten.

Die Überwachung in registrierten Betrieben durch den Amtstierarzt erfolgt in einem Umfang, der von der Zahl der Schlachtungen, dem Umfang der Zerlegung, der Art der Zerlegung, der Art des Erzeugnisses sowie dem Umfang und dem Ergebnis vom Betrieb durchgeführter Eigenkontrollen abhängt, jedoch jährlich mindestens zweimal.

Registrierte Betriebe müssen Nachweise führen über:
1. die Art, die Herkunft und die Anzahl der Schlachttiere und den Tag der Schlachtung,
2. die Menge des im Betrieb zerlegten Fleisches,
3. die Menge der im Betrieb zubereiteten Fleischerzeugnisse,
4. die Art, den Umfang und die Ergebnisse der durchgeführten Kontrollen (z. B. mikro-

biologische Stufenkontrolle, Kotunter-
suchung).

Anlage zur Fleischhygiene-Verordnung

Kapitel I.
Beschaffenheit und Ausstattung der Räume, in denen Fleisch gewonnen, zubereitet oder behandelt wird

1. In den Räumen (z. B. Zerlegeräume, Wurstküchen) müssen
1.1 die Fußböden aus wasserundurchlässigem, festem, nicht verrottendem, leicht zu reinigendem und zu desinfizierendem Material bestehen; sie müssen so beschaffen sein, dass Wasser leicht ablaufen kann; das Wasser muss zu abgedeckten, geruchsicheren Abflüssen abgeleitet werden;
1.2 die Wände glatt und mit einem hellen Belag oder Anstrich versehen sein, der bis zu einer Höhe von mindestens 2 m abwaschfest ist;
1.3 die Decken hell und glatt sein;
1.4 die Türen und Fensterrahmen müssen
1.4.1 aus Kunststoff oder Metall, glatt, hell, korrosionsbeständig oder korrosionsgeschützt sein oder
1.4.2 aus Holz, glatt und mit einem hellen abwaschfesten Belag oder Anstrich versehen sein;
1.5 die Beleuchtungen vorhanden sein, die Abweichungen des Fleisches erkennen lassen;
1.6 ausreichende Vorrichtungen zur Be- und Entlüftung und gegebenenfalls zur gründlichen Entnebelung vorhanden sein, so dass die Kondenswasserbildung an Flächen wie Wänden oder Decken so weit wie möglich verhindert wird;
1.7 in größtmöglicher Nähe des Arbeitsplatzes in ausreichender Anzahl (jedoch mindestens eine) Einrichtungen zur Reinigung und Desinfektion
1.7.1 der Hände mit handwarmem, fließendem Wasser, Reinigungs- und Desinfektionsmitteln sowie mit hygienischen Mitteln zum Hände trocknen vorhanden sein, wobei die Wasserhähne nicht von Hand zu betätigen sein dürfen;
1.7.2 der Arbeitsgeräte mit heißem Wasser von mindestens 82 °C vorhanden sein;
2. Einrichtungsgegenstände und Arbeitsgeräte wie Schneidetische, Tische mit auswechselbaren Schneideunterlagen, Behältnisse und Sägen aus korrosionsbeständigem, die Qualität des Fleisches nicht beeinträchtigendem, leicht zu reinigendem und zu desinfizierendem Material bestehen. Die Verwendung von Holz ist nur zulässig in Räucher- oder Reiferäumen, bei Hackklötzen oder dem Transport von verpacktem Fleisch;
3. Es müssen ferner vorhanden sein:
3.1 geeignete Vorrichtungen zum Schutz gegen Ungeziefer wie Insekten oder Nagetiere;
3.2 Vorrichtungen oder Behältnisse, die verhindern, dass das Fleisch unmittelbar mit dem Boden oder den Wänden in Berührung kommt;
3.3 für die Aufnahme von zum Genuss für Menschen nicht bestimmtem oder untauglichem Fleisch sowie für zum Genuss für Menschen nicht geeigneter Teile geschlachteter Tiere
3.3.1 besondere wasserdichte, korrosionsbeständige Behältnisse mit dicht schließenden Deckeln;
3.3.2 ein verschließbarer Raum, wenn es die anfallende Menge erforderlich macht oder das Fleisch nicht am Ende des Arbeitstages aus dem Betrieb entfernt wird, wobei sicherzustellen ist, dass

Fleisch, das zum Genuss für Menschen bestimmt ist, dadurch nicht, insbesondere durch Gerüche, nachteilig beeinflusst werden kann;

3.4 Kühleinrichtungen, die gewährleisten, dass die im Kapitel IX vorgeschriebene Innentemperatur des Fleisches erreicht und eingehalten werden kann, und die an die Abwasserleitung angeschlossen sind oder bei denen das Wasser auf andere Weise hygienisch abgeleitet wird;

3.5 eine Anlage, die in ausreichender Menge heißes Wasser liefert;

3.6 Wasser unter Druck in ausreichender Menge zum Reinigen;

3.7 Toilettenanlagen, die von den Schlachträumen nicht direkt zugängig sein dürfen, mit Handwaschgelegenheiten, in denen die Ventile nicht von Hand zu betätigen sein dürfen und die ausgestattet sein müssen mit Reinigungs- und Desinfektionsmitteln sowie mit hygienischen Mitteln zum Händetrocknen;

3.8 ein getrennter, geeigneter Platz zum Abstellen von Reinigungsgeräten sowie der Mittel zur Wartung, Reinigung und Desinfektion.

Kapitel II.
Sonstige allgemeine Hygienevorschriften für Personal, Einrichtungsgegenstände und Arbeitsgeräte in Räumen, in denen Fleisch gewonnen, zubereitet oder behandelt wird

1. Personen, die mit kranken Tieren oder infiziertem Fleisch in Berührung gekommen sind, haben unverzüglich Hände und Arme mit warmem Wasser gründlich zu waschen und zu desinfizieren. Beim Behandeln von Tierkörpern und Fleisch sowie beim Zubereiten und Behandeln von Fleischerzeugnissen hat das Personal eine leicht waschbare, helle und saubere Arbeitskleidung und eine helle, saubere Kopfbedeckung sowie

erforderlichenfalls einen Nackenschutz zu tragen. Arbeitskleidung darf nur ihrem Zweck entsprechend verwendet werden.

2. Räume, Einrichtungsgegenstände und Arbeitsgeräte müssen ständig sauber und in einwandfreiem Zustand gehalten werden. Sie sind vor ihrer Wiederverwendung, bei Verunreinigungen und soweit sonst erforderlich sowie am Ende jedes Arbeitstages sorgfältig zu reinigen und soweit erforderlich zu desinfizieren. Sie dürfen nur für das Gewinnen, Zubereiten oder Behandeln von Fleisch verwendet werden. Das Zerlegen von frischem Geflügelfleisch, Fleisch von erlegtem Haarwild, Gehegewild oder Hauskaninchen oder das Zubereiten von Fleischzubereitungen darf nicht mit dem Zerlegen von frischem Fleisch von Rindern, Schweinen, Schafen, Ziegen und Einhufern, die als Haustiere gehalten werden, gleichzeitig in dem selben Raum stattfinden.

2.1 In den Räumen dürfen weder Speisen eingenommen noch darf geraucht werden; Behältnisse mit Getränken dürfen nicht in Arbeitsräume verbracht werden.

2.2 Ungeziefer, wie Insekten oder Nagetiere, ist systematisch zu bekämpfen. Andere Tiere als Schlachttiere sind von den Räumen fernzuhalten.

3. Dosen oder ähnliche Behältnisse für die Aufnahme von Fleisch sind unmittelbar vor dem Füllen zu reinigen, soweit erforderlich auch nach dem Verschließen oder dem Erhitzen.

4. Stoffe, wie Reinigungs- und Desinfektionsmittel, sind so zu verwenden, dass sie sich weder auf Einrichtungsgegenstände und Arbeitsgeräte noch auf Fleisch nachteilig auswirken können. Nach ihrer Verwendung müssen sie gründlich abgespült werden, sofern ein

Abspülen nach ordnungsgemäßer Anwendung entsprechend der Gebrauchsanweisung erforderlich ist.

5. Sägemehl oder ähnliche Stoffe dürfen nicht auf den Boden von Räumen gestreut werden, in denen Fleisch gewonnen, zubereitet oder behandelt wird.

6. Fleisch darf nur so gewonnen, zubereitet und behandelt werden, dass es bei Beachtung der im Verkehr erforderlichen Sorgfalt weder unmittelbar noch mittelbar nachteilig beeinflusst werden kann, insbesondere durch Mikroorganismen, tierische Schädlinge, menschliche oder tierische Ausscheidungen, Witterungseinflüsse, Staub, Schmutz, Gerüche, Desinfektions-, Schädlingsbekämpfungs-, Pflanzenschutz- oder Lösungsmittel.

Kapitel III.
Besondere Hygienevorschriften für Schlachtbetriebe und das Schlachten

1. Für Betriebe, in denen Tiere geschlachtet werden, gilt über die Hygienevorschriften nach Kapitel I und II hinaus folgendes:

1.1 Für Tiere, die über Nacht in Schlachtbetrieben verbleiben, müssen ausreichend große Stallungen vorhanden sein.

1.2 Für einen ordnungsgemäßen hygienisch einwandfreien Ablauf der Schlachtung muss ein ausreichend großer Schlachtraum vorhanden sein. Für die Betäubung und die Entblutung ist ein getrennter Raum oder ein besonderer Platz innerhalb des Schlachtraumes erforderlich.

1.3 In Schlachträumen müssen die Wände bis zu einer Höhe von mindestens 3 m oder bis zur Decke abwaschbar sein, beim Schlachten sind die Räume ausreichend zu entnebeln.

1.4 Es müssen geeignete Vorrichtungen vorhanden sein, mit deren Hilfe die geschlachteten Tiere hygienisch enthäutet, gereinigt, ausgeweidet und in Hälften gespalten werden können.

1.5 Es muss ausreichend Kühlraum mit einem getrennten oder abtrennbaren Bereich für die Lagerung vorläufig beschlagnahmter Tierkörper und Nebenprodukte der Schlachtung vorhanden sein.

1.6 Das Reinigen und Weiterverarbeiten von Mägen und Därmen in Schlachträumen ist nur zulässig, wenn die Mägen und Därme aus eigener Schlachtung stammen und ausschließlich für den eigenen Betriebsbedarf verwendet werden und diese Arbeiten nach dem Schlachten und nach gründlicher Reinigung des Schlachtraumes durchgeführt werden.

1.7 Für Dung, der nicht am selben Tag vom Gelände des Schlachtbetriebes entfernt wird, muss ein besonderer Platz für die Lagerung vorhanden sein.

2. Beim Schlachten von Tieren ist folgendes zu beachten:

2.1 In Schlachträume verbrachte Schlachttiere müssen sofort geschlachtet werden.

2.1.a Nach der Betäubung darf zentrales Nervengewebe von Rindern, Schafen oder Ziegen nicht durch Rückenmarkszerstörer zerstört werden.

2.2 Schlachttiere sind sofort nach dem Entbluten zu enthäuten. Das Enthäuten kann unterbleiben bei

2.2.1 Schweinen, wenn sie unverzüglich entborstet und gründlich gereinigt werden; dabei sind Klauenschuhe oder Spitzbeine zu entfernen. Beim Entborsten dürfen Brühhilfsmittel verwendet werden, sofern sie gesundheitlich unbedenklich sind und die Schweine anschließend gründlich mit Trinkwasser abgespült werden;

2.2.2 allen Schlachttieren an den Gliedmaßen-
enden, an Eutern, an den Schwänzen
oder deren Teilen, sofern sie nicht
zum Genuss für Menschen bestimmt
sind;

2.2.3 Köpfen und Unterfüßen von Rindern
vor dem Zahnwechsel mit einem
Schlachtgewicht bis zu 150 kg (Kälber),
wenn diese zu Beginn des Enthäutens
abgetrennt, enthaart und gründlich
gereinigt und dabei Klauen oder Klauenschuhe sowie Hörner entfernt werden;

2.2.4 Rot-, Dam- und Schwarzwild aus Ge-
hegen, sofern gesundheitliche Gründe
dies nicht erforderlich machen; das Gefrieren dieses Wildes in der Decke ist
jedoch nicht gestattet.

2.2.5 Beim Enthäuten dürfen laktierende
Euter nicht verletzt werden.

2.3 Vor Beginn des Ausweidens sind die
Köpfe abzutrennen; bei Schweinen,
Schafen, Ziegen und Hauskaninchen
dürfen sie jedoch am Tierkörper verblei-
ben. Die Köpfe sind vor der amtlichen
Untersuchung zu enthäuten oder gründ-
lich zu enthaaren und zu reinigen. Ver-
unreinigungen der Nasen-, Mund- und
Rachenhöhle sind durch gründliches
Reinigen zu entfernen.

2.4 Das Ausweiden muss innerhalb von 45
Minuten nach dem Betäuben beendet
sein. Dabei ist eine Verunreinigung des
Tierkörpers durch Magen-Darminhalt
und Urin zu vermeiden. Bei Rindern
sind die Darmenden vor dem Ausweiden im Becken zu lösen, zu umhüllen
und zu verschließen; der Magen- und
Darmtrakt ist zusammenhängend aus
der Bauchhöhle zu entfernen. Die Speiseröhre ist von der Luftröhre zu lösen
und zu verschließen.

2.4.a Soweit gesundheitliche Bedenken oder
das Untersuchungsziel nicht entgegen-
stehen, dürfen Lunge, Herz, Leber, Nieren, Milz und Mittelfell und bei Hauskaninchen die Eingeweide entweder
vom Tierkörper abgetrennt werden oder
mit dem Tierkörper natürlich verbunden
bleiben.

2.5 Alle vom Tierkörper abgetrennten, zu
untersuchenden Teile müssen in un-
mittelbarer Nähe des Tierkörpers aufbewahrt und erforderlichenfalls so gekennzeichnet werden, dass die Zugehö-
rigkeit zu dem betreffenden Tierkörper
erkennbar ist.

2.6 Nieren sind aus den Fettkapseln zu
lösen und müssen in natürlichem Zu-
sammenhang mit dem Tierkörper bleiben.

2.7 Zur Fleischuntersuchung sind die Wir-
belsäulen von Schafen und Ziegen, die
über 12 Monate alt sind oder bei denen
ein permanenter Schneidezahn das
Zahnfleisch durchbrochen hat, Rindern,
Schweinen und Einhufern längs zu spalten; die Längsspaltung ist nicht erforderlich bei Spanferkeln (bis 25 kg Schlachtgewicht) und bei Kälbern. Der Untersu-
cher kann eine weitere Zerlegung fordern, wenn dies für die Beurteilung notwendig ist.

2.8 Zum Genuss für Menschen bestimmte
Mägen, Därme, Schlünde und Harnbla-
sen müssen sofort im Schlachtbetrieb
gründlich gereinigt werden.

2.9 Tierkörper und Organe dürfen nicht mit
Tüchern, Schwämmen oder ähnlichen
Gegenständen abgewischt oder abgetrocknet werden, Messer nicht in Fleisch
eingestochen werden.

2.10 Bis zum Abschluss der Fleischuntersuchung dürfen Tierkörper nicht weiter
zerlegt, Teile der geschlachteten Tiere
nicht entfernt oder sonst behandelt
werden.

2.11 Vorläufig beschlagnahmtes oder für
genussuntauglich erklärtes oder nicht

zum Genuss für Menschen bestimmtes Fleisch darf nicht mit genusstauglichem Fleisch in Berührung kommen; das Fleisch ist unverzüglich in dafür bestimmte Räume oder Behältnisse gemäß Kapitel I Nr. 3.3. zu bringen.

Kapitel IV.
Besondere Hygienevorschriften für das Zerlegen von Fleisch

Für das Zerlegen von Fleisch gilt über die Hygienevorschriften nach Kapitel I und II hinaus Folgendes:

1.   In Betrieben, in denen Fleisch zerlegt wird, muss
1.1 ausreichend Kühlraum vorhanden sein.
1.2 ein Raum oder ein geeigneter Platz vorhanden sein, an dem das Fleisch ohne nachteilige Beeinflussung zerlegt werden kann.
2.   Im Schlachtraum darf nicht zerlegt werden.
3.   Frisches Fleisch darf in Räumen, in denen es zerlegt werden soll, mengenmäßig nur den Arbeitserfordernissen entsprechend verbracht werden.
4.   Die Innentemperatur des Fleisches von +7 °C darf nur bei der Warmzerlegung überschritten werden. In Betrieben, die ausschließlich für den eigenen Betriebsbedarf zerlegen, gilt dies nicht.
5.   Abweichend von Nummer 2 ist das Zerlegen von Fleisch in einem zum Zeitpunkt des Inkrafttretens der Verordnung bestehenden Schlachtraums in Betrieben zulässig, die ausschließlich für den eigenen Bedarf schlachten und zerlegen. Die Zerlegung darf nicht zeitgleich mit Schlachtungen und nur nach besonders gründlicher Reinigung und Desinfektion erfolgen.
6.   Nicht zum Genuss für Menschen geeignetes oder bestimmtes Fleisch ist sofort in die dafür vorgeschriebenen verschließbaren Behältnisse oder Räume zu verbringen.

Kaptitel V.
Besondere Hygienevorschriften für das Zubereiten von Fleisch

Für Betriebe, in denen Fleischzubereitungen oder Fleischerzeugnisse oder Lebensmittel mit einem Zusatz von Fleisch, Fleischzubereitungen oder Fleischerzeugnissen zubereitet oder behandelt werden, gilt über die hygienischen Vorschriften nach Kapitel I und II hinaus Folgendes:

1.   Zum Bearbeiten des Fleisches muss ein ausreichend großer Raum, der nicht zum Schlachten benutzt werden darf, vorhanden sein.
2.   Es muss ausreichend Kühlraum vorhanden sein.
3.   Es müssen, sofern eine solche Behandlung vorgesehen ist, jeweils geeignete Raumteile, Anlagen, Ein- oder Vorrichtungen vorhanden sein
3.1 zum Erhitzen, Trocknen, Reifen oder Räuchern von Fleisch oder Fleischerzeugnissen;
3.2 zum Pökeln einschließlich einer ausreichenden Kühlung;
3.3 zur hygienischen Behandlung der pflanzlichen Lebensmittel, die zur Herstellung von Fleischzubereitungen oder Fleischerzeugnissen verwendet werden;
3.4 für das Lagern und das Aufbewahren von Gewürzen und sonstigen Zutaten;
3.5 für das Lagern von Verpackungsmaterial, Dosen und ähnlichen Behältnissen;
3.6 für die Reinigung von Dosen und ähnlichen Behältnissen vor deren Füllung sowie für die Beförderung, Kühlung und Trocknung dieser gefüllten Behältnisse;
3.7 für das Verpacken und den Versand.

Kapitel VI und VII: für Hausschlächter und Direktvermarkter nicht relevant

Kapitel VIII.
Besondere Vorschriften für Umhüllen und Verpacken von Fleisch

1. Umhüllen oder Verpacken von Fleisch muss in hierfür vorgesehenen Räumen oder an einem besonderen Platz unter hygienischen Bedingungen erfolgen. Es muss insbesondere sichergestellt sein, dass bei der Herrichtung von Verpackungs- oder Umhüllungsmaterial die Beschaffenheit des Fleisches nicht nachteilig beeinflusst werden kann.
2. Lagerräume oder Lagerplätze für Verpackungs- oder Umhüllungsmaterial müssen wirksam gegen Staub und Ungeziefer geschützt sein.
3. Verpackungs- oder Umhüllungsmaterial für Fleisch
3.1 darf die sensorischen Eigenschaften des Fleisches nicht verändern;
3.2 muss ausreichend fest sein, um das Fleisch wirksam, insbesondere beim Transport und der Lagerung, zu schützen.
4. Verpackungsmaterialien für Fleisch dürfen nur wiederverwendet werden, wenn sie korrosionsfest, leicht zu reinigen und vor der Wiederverwendung gründlich gereinigt und desinfiziert worden sind.

Kapitel IX.
Hygienevorschriften für das Kühlen, Lagern und Befördern von Fleisch

1. Nach der Schlachtung ist Fleisch so zu behandeln, dass die Innentemperatur
1.1 bei Tierkörpern von
1.1.1 Schlachttieren, ausgenommen Hauskaninchen, unverzüglich auf mindestens +7 °C,
1.1.2 Hauskaninchen unverzüglich auf +4 °C und

1.2 bei Nebenprodukten der Schlachtung unverzüglich auf mindestens +3 °C herabgekühlt ist
Abweichend von Nummer 1.2 kann Fett am Tage der Schlachtung auch so behandelt werden, dass es gründlich abtrocknen und auskühlen kann. Fleisch darf nach dem Herabkühlen höchstens bei den entsprechenden in Satz 1 genannten Temperaturen gelagert werden.

2. Leicht verderbliche Fleischerzeugnisse sind nach der Herstellung so zu kühlen, dass ihre Haltbarkeit bis zur Abgabe an den Verbraucher gewährleistet ist.
3. Frisches Fleisch, das nach Nummer 1 zu kühlen ist, darf nur bei den dort angegebenen Höchsttemperaturen befördert werden; bei der Beförderung leicht verderblicher Fleischerzeugnisse ist die Temperatur nach Nummer 2 einzuhalten. Abweichend von Satz 1 darf schlachtwarmes Fleisch aus dem technologischen Grund der Erhaltung der Wasserbindung mit Einwilligung der zuständigen Behörde ungekühlt aus einem Schlachtbetrieb zu nahegelegenen be- und verarbeitenden Betrieben befördert werden, wenn die Beförderungsdauer nicht mehr als zwei Stunden beträgt.
4. Fahrzeugladeräume, Behältnisse und sonstige Vorrichtungen, die als Beförderungsmittel für Fleisch dienen, müssen so beschaffen und eingerichtet sein, dass Fleisch nicht nachteilig beeinflusst werden kann. Sie sind regelmäßig und gründlich zu reinigen und erforderlichenfalls zu desinfizieren.
5. Lagerräume für Fleisch müssen eine hygienisch einwandfreie Isolierung besitzen, die Innenflächen müssen leicht zu reinigen und zu desinfizieren sein; in Gefrierräumen müssen die Innenflächen so beschaffen sein, dass sie leicht

trocken gereinigt werden können. Der Fußboden muss so beschaffen sein, dass Reinigungswasser leicht aus dem Raum abfließen kann.

6. Kühl- oder Gefrierräume müssen über geeignete Stapelmöglichkeiten verfügen.

7. In Kühl- oder Gefrierräumen darf Fleisch mit anderen Lebensmitteln gemeinsam nur gelagert werden, wenn durch Verpackung sichergestellt wird, dass eine nachteilige Beeinflussung des Fleisches ausgeschlossen ist.

8. Beförderungsmittel, die für den Transport lebender Tiere benutzt werden, dürfen nicht zur Beförderung von Fleisch verwendet werden; dies gilt auch für Beförderungsmittel, die für den Transport unverpackter geschlachteter oder erlegter Tiere im Fell oder in Federn benutzt werden.

9. Fleisch darf außerhalb von Räumen nur in Fahrzeugen mit allseits geschlossenen Laderräumen oder in entsprechenden Behältnissen befördert werden. Dies gilt nicht für die Beförderung innerhalb der Betriebsstätten, sofern das frische Fleisch sonst ausreichend geschützt ist.

10. In Personenkraftwagen dürfen frisches Fleisch und Nebenprodukte der Schlachtung unverpackt nur in besonderen, allseits geschlossenen Behältnissen oder in Umhüllungen befördert werden.

Fleischerzeugnisse (Hackfleisch, Wurst usw.)

Neben frischem Fleisch darf der Direktvermarkter auch Fleischerzeugnisse verkaufen. Zu beachten sind vor allem die Vorschriften der Fleischverordnung und der Hackfleischverordnung.

Fleischverordnung

Die Fleischverordnung regelt u. a. die Verwendung von Zusatzstoffen (z. B. Nitritpökelsalz, Natrium- oder Kaliumdiphosphat usw.) und weiteren Zutaten (z. B. Zusätze wie Gelatine, Milch usw.) bei der Herstellung von Fleischerzeugnissen. Für jeden in der Fleischverordnung zugelassenen Stoff ist die Verwendungsbedingung und die eventuelle Höchstmenge sowie die Art der Kenntlichmachung vorgeschrieben.

Räuchern: Zur Herstellung von geräucherten Fleischerzeugnissen darf lediglich frisch entwickelter Rauch aus naturbelassenen Hölzern und Zweigen, Heidekraut und Nadelholzsamen (keine Spanplatten, Zeitschriften, Kartons o. Ä.!) verwendet werden. Der Gehalt des bei der Räucherung entstehenden Krebs erregenden Stoffes Benz(a)pyren darf nicht mehr als 1 Milligramm pro Kilogramm betragen. Als Regel gilt: je stärker die Berußung, um so höher ist der Benz(a)pyren-Gehalt.

Leitsätze für Fleisch und Fleischerzeugnisse des Deutschen Lebensmittelhandbuches

Diese stellen keine Rechtsvorschriften dar. Sie geben jedoch hinsichtlich der Zusammensetzung, der Verwendung von Werbeaussagen (Hausmacher-, Delikatess-, 1a- usw.) die allgemeine Verkehrsauffassung in Deutschland wieder.

Hackfleischverordnung

Diese Verordnung enthält Anforderungen an die Personen, die Hackfleischerzeugnisse (Hackfleisch, frische/rohe Bratwürste, Frikadellen usw.) herstellen dürfen, an die räumlichen Voraussetzungen (auch beim Verkauf), sowie an das Fleisch.

Anmerkung:

Da in den meisten landwirtschaftlichen Betrieben die personellen und die räumlichen Anforderungen nicht erfüllt sind, kommt das Herstellen derartiger Produkte in der Regel nicht in Frage. Personelle Voraussetzungen erfüllen Meister im Fleischerhandwerk, Personen mit abgeschlossener Ausbildung als Fleischer und mindestens dreijähriger Gesellentätigkeit bzw. Personen mit Ausnahmebewilligung durch die Handwerkskammer. Außerdem wird darauf hingewiesen, dass frisches Hackfleisch in der Regel nicht auf Märkten, Volksfesten usw. hergestellt, behandelt und in den Verkehr gebracht werden darf.

Sofern die rechtlich geforderten Bedingungen erfüllt werden, ist auf Folgendes hinzuweisen: Frisches Hackfleisch und hackfleischverwandte Produkte dürfen nur am Tag der Herstellung in den Verkehr gebracht werden.

Ausnahmen: Bratwürste (frische, grobe), Schaschlik und in ähnlicher Weise hergestellte Erzeugnisse aus gestückeltem Fleisch oder gestückelten Innereien auf Spießen dürfen auch am folgenden Tag in den Verkehr gebracht werden.

Hackfleisch aus Wild- oder Geflügelfleisch darf generell nicht in den Verkehr gebracht werden.

Anfallende Fragen hinsichtlich der Zusammensetzung, Kennzeichnung usw. lassen sich durch die Zusammenarbeit mit sachkundigen Personen (ausgebildete Metzger, private Sachverständige, Angehörige der Veterinärämter bzw. der Chemischen und Tierärztlichen Untersuchungsanstalten) beantworten.

BSE (Bovine Spongioforme Enzephalopathie)

Über BSE (Bovinen Spongiformen Enzephalopathie) gibt es kein spezielles Gesetz. Es sind vielmehr verschiedene Gesetze und Verordnungen davon betroffen. BSE wird deshalb hier als separater Punkt behandelt und kurz beschrieben.

Bei Hausschlachtungen bzw. landwirtschaftlicher Direktvermarktung bestehen dieselben Untersuchungspflichten wie bei gewerblichen Schlachtungen. Nähere Einzelheiten sollten mit dem amtlichen Fleischbeschauer bzw. dem Veterinäramt abgeklärt werden.

Es wurde festgelegt, dass das genannte spezifizierte Risikomaterial (SRM) zu entfernen, besonders zu kennzeichnen und in einer Tierkörperbeseitigungsanstalt zu beseitigen ist. Die Kennzeichnung erfolgt mit dem Farbstoff FCF durch das amtliche Überwachungspersonal (z. B. Fleischbeschauer). Bei Hausschlachtungen erfolgt die Beseitigung oftmals über den nächstgelegenen Schlachthof, bei dem die Teile dann abgeholt werden.

Als spezifiziertes Risikomaterial gelten:
- bei über 12 Monate alten Rindern: der Schädel einschließlich Gehirn und Augen, die Mandeln, die komplette Wirbelsäule ausschließlich der Schwanzwirbel, aber einschließlich der Spinalganglien (zur Wirbelsäule gehörende Nerven) und der Darm.
- bei Schafen und Ziegen: der Schädel einschließlich Gehirn und Augen, die Mandeln, die komplette Wirbelsäule ausschließlich der Schwanzwirbel, aber einschließlich der Spinalganglien, sofern die Tiere über 12 Monate alt sind oder bei denen ein permanenter Schneidezahn das Zahnfleisch

durchbrochen hat, die Milz von Tieren aller Altersklassen.

Zwischenzeitlich gilt die obligatorische Rindfleisch-Etikettierung und auf allen Stufen der Vermarktung müssen Rindfleisch und Rinderhackfleisch mit einem Etikett gekennzeichnet werden. Jedes abgepackte Rindfleischstück muss mit einem Etikett versehen werden, wenn es über eine Selbstbedienungstheke verkauft wird. Beim Verkauf über die Ladentheke muss zwar nicht jedes einzelne Fleischstück etikettiert werden, aber für jede Tiergruppe oder Charge, die die gleichen Eigenschaften besitzen und aus einer Tagesproduktion stammen, muss ein Hinweisschild mit der Etikettierung gut sichtbar sein.

Es gibt Pflichtangaben (obligatorische Rindfleisch-Etikettierung) und freiwillige Angaben (fakultative Rindfleisch-Etikettierung), die auf dem Rindfleisch-Etikett bzw. dem Hinweisschild anzubringen sind. Es gibt in der Regel Merkblätter von den Regierungspräsidien, die nähere Einzelheiten enthalten.

Produkthaftungsgesetz

Der Direktvermarkter haftet für verursachte Personen- und Sachschäden, die durch fehlerhafte Produkte entstehen. Es sollte deshalb dringend eine Betriebshaftpflicht-Versicherung abgeschlossen werden, die diese Schäden abdeckt.

Infektionsschutzgesetz

Das Gesetz regelt die Meldepflicht und enthält Vorschriften zur Verhütung und Bekämpfung von übertragbaren Krankheiten. Bei der Verarbeitung bzw. Inverkehrbringung von Fleisch bzw. -erzeugnissen sind folgende Punkte zu beachten:

1. Die persönliche Körperhygiene jeder einzelnen Person im lebensmittelverarbeitenden Gewerbe ist neben den allgemeinen Hygienegeboten von besonderer Bedeutung.
2. Das häufige, gründliche Reinigen (ggf. Desinfizieren) der Hände der mit dem Be- und/oder Verarbeiten und/oder Verkaufen von Lebensmitteln beschäftigten Personen ist die entscheidende Voraussetzung zur Vermeidung von Verunreinigungen der Lebensmittel.
3. Personen, die mit infizierten Wunden, Hautinfektionen oder Geschwüren behaftet sind, dürfen mit Lebensmitteln nicht umgehen, wenn auch nur die geringste Möglichkeit besteht, dass das Lebensmittel direkt oder indirekt mit krankheitserregenden Keimen verunreinigt wird. Ggf. müssen Wunden, z.B. Schnittwunden an Händen und Armen während der Arbeit wasserdicht verbunden werden (Gummihandschuhe!).
4. Personen, die bestimmte Lebensmittel herstellen oder behandeln, müssen frei von ansteckenden Krankheiten sein, insbesondere von Magen-Darm-Erkrankungen. Salmonellenausscheider dürfen nicht bei der Herstellung, Be- und Verarbeitung von Fleisch bzw. -erzeugnissen beschäftigt sein, wenn eine Übertragung der Krankheitserreger auf das Lebensmittel direkt oder indirekt möglich ist.

Bei Rückfragen steht das zuständige Gesundheitsamt zur Verfügung

Betriebliche Eigenkontrollen

Jeder, der Lebensmittel gewerbsmäßig im Sinne des Lebensmittelrechts herstellt, behandelt oder in Verkehr bringt, hat durch betriebseigene Kontrollen die für die Entstehung gesundheitlicher Gefahren durch Faktoren biologischer, chemischer oder physikalischer Natur kritischen Punkte im Prozessablauf festzustellen. Darüber hinaus ist zu gewährleisten, dass angemessene Sicherungsmaßnahmen festgelegt, durchgeführt und überprüft werden.

Fleischverkauf

Anforderungen an ortsgebundene Betriebsstätten

Es bestehen besondere hygienische Anforderungen an Verkaufsräume, in denen Fleisch und Wurst verkauft werden. So müssen diese Räumlichkeiten beispielsweise nach allen Seiten hin geschlossen sein. Beim Verkauf von unverpacktem frischem Fleisch mit anderen Waren sind Trennwände oder andere Abschirmungen erforderlich.

Beim Fleischverkauf auf Bestellung ist ein vorschriftsmäßiger Verkaufsraum unter Umständen entbehrlich. Bei der Abgabe ab Hof dürfen Kunden den Zerlegeraum nicht betreten. Der Verkauf darf im Zerlegeraum zwar vorbereitet werden (Portionieren, Wiegen, Verpacken, usw.), übergeben werden muss die Ware aber außerhalb des Raumes.

Anforderungen an ortsveränderliche und/oder nicht ständige Betriebsstätten (z. B. Marktstände und Verkaufsfahrzeuge)

Lebensmittelverkaufsstände sind so anzuordnen und instand zu halten, dass die Gefahr einer nachteiligen Beeinflussung der Lebensmittel vermieden wird:
1. Verkaufsstände müssen so aufgestellt sein, dass die Lebensmittel nicht durch Staub, starke Gerüche (z. B. Müllcontainer) oder Tiere nachteilig beeinflusst werden können.
2. Sie sollten überdacht sein.
3. Bei leicht verderblichen Lebensmitteln müssen sie überdacht sowie seitlich und rückwärtig umschlossen sein.
4. Frisches Fleisch kann auf Märkten nur aus besonders ausgerüsteten Verkaufswagen verkauft werden.
5. Bei den Verkaufsständen muss dabei das Dach zusätzlich zur offenen Verkaufsseite hin überstehen und damit ausreichend Schutz gegen das Wetter bieten.
6. Zum Schutz offen angebotener Lebensmittel vor nachteiliger Beeinflussung durch Krankheitserreger (z. B. Husten, Niesen von Kunden und Passanten), Staub, Schmutz usw. muss die Vorderseite über eine ausreichende Abschirmung verfügen.
7. Für leicht verderbliche Lebensmittel müssen ausreichende Kühlmöglichkeiten vorhanden sein; hierbei ist auf die Vermeidung gegenseitiger nachteiliger Beeinflussung der Lebensmittel, z. B. durch Bakterien oder Gerüche, zu achten.
8. Es müssen ausreichende, hygienisch unbedenkliche Lagermöglichkeiten für Lebensmittel vorhanden sein.
9. Oberflächen, die mit Lebensmitteln in Berührung kommen, sind in einwandfreiem Zustand zu halten; dies erfordert die Verwendung von glatten, abwaschbaren und beständigen Materialien.
10. Es muss ein ausreichender Wasservorrat mitgeführt werden und die Wasserversorgung muss so konzipiert sein, dass eine regelmäßige Reinigung möglich ist; verwendetes Wasser muss Trinkwasserqualität haben.
11. Es müssen geeignete Vorrichtungen zum Lagern von Abfällen vorhanden sein

(ohne nachteilige Beeinflussung der ange-
botenen Lebensmittel, Abfallbehälter
dicht schließend).

12. Es wird auf die DIN 10500 „Verkaufsfahr-
zeuge für leicht verderbliche Lebensmittel" verwiesen.

13. Es müssen entsprechend der Größe der
mobilen Verkaufseinrichtung (mindestens
jedoch eine) Einrichtungen mit Kalt- und
Warmwasser zum hygienischen Händewaschen (ggf. -desinfizieren) und eine
hygienisch einwandfreie Handtrocknungs-
einrichtung vorhanden sein.

Straßenverkauf

Straßen- und Wegerecht

Wenn von einem Fahrzeug, das auf einer
öffentlichen Straße steht, Waren verkauft werden, kann es sich um eine erlaubnispflichtige
Sondernutzung handeln. Sie liegt nur dann
nicht vor, wenn sich die Benutzung der Straße
im Rahmen des Gemeingebrauchs hält.

Gemeingebrauch heißt:
- die bloße Auslieferung von bestellter Ware.
- Straßenhandel von Fahrzeugen aus, wenn
  sich das Fahrzeug fast dauernd in Bewe-
  gung befindet und es nur hin und wieder
  kurz anhält.

Ansonsten muss von der Gemeinde oder der
Straßenverkehrsbehörde eine Erlaubnis zur
Sondernutzung eingeholt werden.

Straßenverkehrsrecht

Verboten ist das Anbieten von Waren auf der
Straße, wenn dadurch Verkehrsteilnehmer
erheblich abgelenkt werden können. Das Ver-
bot gilt auch dann, wenn der Verkauf zwar
neben der Straße stattfindet, sich jedoch auf

den Verkehr auswirkt (z. B. Schaulustige). Bei
der Straßenverkehrsbehörde kann eine Aus-
nahmegenehmigung beantragt werden.

Kühlen von Fleisch-
erzeugnissen

29

Beim Verkauf von Fleisch und Wurst ist vor
allem darauf zu achten, dass die Lebensmittel
ausreichend kühl gelagert werden. Frisches
Fleisch und leicht verderbliche Wurst- und
Fleischwaren wie Leberwürste, Blutwürste
oder frische Zwiebelmettwürste sind bei Temperaturen von + 4 °C bis + 7 °C zu lagern.
Andere Erzeugnisse wie roher Schinken und
Rohwürste sind auch ohne Kühlung lager-
fähig. Auch in Dosen eingefüllte Wurstwaren
können, wenn sie in besonderen Erhitzungs-
einrichtungen (Autoklaven) bei Temperaturen
über 100 °C erhitzt und dabei sterilisiert
werden, ungekühlt gelagert werden. Dies gilt
jedoch nicht für „Kesselkonserven", die lediglich im Kessel bei kochendem Wasser durch-
erhitzt werden. Diese Dosenwürste – 2 Stunden gekocht – sind im Regelfall 12 Monate
und länger haltbar. Dennoch besteht keine
100 %ige Sicherheit vor Bombagen (= Aufwöl-
bung des Deckels bei Konservendosen, wenn
sich der Inhalt zersetzt) etc. Deshalb wird
empfohlen, ein Mindesthaltbarkeitsdatum
(MHD) von 6 Monaten bei + 10 °C anzugeben.

In Kühl- und Gefrierräumen darf Fleisch
gemeinsam mit anderen Lebensmitteln nur
gelagert werden, wenn durch entsprechende
Verpackung eine nachteilige Beeinflussung
ausgeschlossen ist. Beispielsweise darf unver-
packtes Fleisch nicht gemeinsam mit Wild in
der Decke oder Obst und Gemüse aufbewahrt bzw. gekühlt werden.

Allgemeine Anforderungen an die Kennzeichnung von Lebensmitteln

Fertigpackungen sind Lebensmittel in Verpackungen beliebiger Art, die in Abwesenheit des Käufers abgepackt und verschlossen werden, wobei die Menge des darin enthaltenen Erzeugnisses ohne Öffnen oder merkliche Änderung der Verpackung nicht verändert werden kann.

Lebensmittel-Kennzeichnungs-verordnung

Lebensmittel in Fertigpackungen dürfen gewerbsmäßig nur in Verkehr gebracht werden, wenn angegeben sind:
1. die Verkehrsbezeichnung,
2. der Name oder die Firma und die Anschrift des Herstellers, des Verpackers oder Verkäufers,
3. das Verzeichnis der Zutaten,
4. das Mindesthaltbarkeitsdatum (MHD).

Art und Weise der Kennzeichnung

Diese vier oben aufgeführten Angaben sind auf der Fertigpackung oder einem mit ihr verbundenen Etikett an gut sichtbarer Stelle, in deutscher Sprache, leicht verständlich, deutlich lesbar und unverwischbar anzubringen. Die Angaben unter den Ziffern 1. und 4. sowie die Mengenkennzeichnung (Füllmenge) sind im gleichen Sichtfeld anzubringen.

Anmerkung: Es wird empfohlen sich im Einzelfall vor einem Etikettenneudruck mit einem amtlich anerkannten Sachverständigen für Lebensmitteluntersuchungen oder einem der Chemischen oder Tierärztlichen Untersuchungseinrichtungen abschließend zu beraten.

Verkehrsbezeichnung

Die Verkehrsbezeichnung eines Lebensmittels ist die in Rechtsvorschriften festgelegte Bezeichnung. Wenn gesetzlich keine Bezeichnung festgelegt ist, gilt entweder die nach allgemeiner Verkehrsauffassung übliche Bezeichnung oder eine Beschreibung des Lebensmittels und erforderlichenfalls seiner Verwendung. Dem Verbraucher muss es möglich sein, die Art des Lebensmittels zu erkennen und es von verwechselbaren Erzeugnissen zu unterscheiden.

Die Angabe der Verkehrsbezeichnung bei Fleisch und Fleischerzeugnissen ergibt sich vor allem nach den Leitsätzen für Fleisch und Fleischerzeugnisse des Deutschen Lebensmittelbuches. Phantasiebezeichnungen müssen durch die übliche Verkehrsbezeichnung oder eine Beschreibung des Erzeugnisses ergänzt werden.

Zutatenverzeichnis

Das Verzeichnis der Zutaten besteht aus einer Aufzählung der Zutaten des Lebensmittels in absteigender Reihenfolge ihres Gewichtsanteils zum Zeitpunkt ihrer Verwendung bei der Herstellung des Lebensmittels. Der Aufzählung ist ein geeigneter Hinweis voranzustellen, in dem das Wort „Zutaten" erscheint.

Im Zutatenverzeichnis sind bei Fleisch- und Wurstwaren die vom Tier stammenden Zutaten getrennt als Fleisch, Speck und Innereien anzugeben. In der Regel müssen neben der Tierartenangabe der Klassenname der Zutaten (z. B. Gewürze) und der Zusatzstoffe (z. B. Konservierungsstoffe) sowie auch deren Verkehrsbezeichnung (z. B. Sorbinsäure) oder EWG-Nr. (z. B. E 200) aufgedruckt sein.

Weitere Beispiele:
1. bei losen Wurstarten:
   - „mit Phosphat" (Verwendung bei Brüh-würsten)
   - „unter Verwendung von Milch" (Verwendung bei Brüh- und Leberwürsten)
2. bei Fertigpackungen (z. B. Dosenware):
   - Geschmacksverstärker, Glutaminsäure oder E 620
   - Stabilisator Natriumdiphosphat oder E 450
   - Antioxidationsmittel Ascorbinsäure oder E 300
   - Nitritpökelsalz (Speisesalz, Konservierungsstoff Natriumnitrit oder E 250) usw.

Mindesthaltbarkeitsdatum (MHD)

Das MHD eines Lebensmittels ist das Datum, bis zu dem dieses Lebensmittel unter angemessenen Aufbewahrungsbedingungen seine spezifischen Eigenschaften behält. Das Datum ist unverschlüsselt mit den Worten „mindestens haltbar bis..." unter Angabe von Tag, Monat und Jahr in dieser Reihenfolge anzugeben. Die Angabe von Tag, Monat und Jahr kann auch an anderer Stelle erfolgen, wenn in Verbindung mit der Angabe nach Satz 1 auf diese Stelle hingewiesen wird. Ist die angegebene Mindesthaltbarkeit nur bei Einhaltung bestimmter Temperaturen oder sonstiger Bedingungen gewährleistet, so ist ein entsprechender Hinweis in Verbindung mit der Angabe anzubringen (z. B. bei +4 °C mindestens haltbar bis...").

Los-Kennzeichnungs-verordnung

Aus dieser Kennzeichnung ist das Los zu ersehen, zu dem das Lebensmittel gehört. Die Angabe muss aus einer Buchstaben-Kombination, Ziffern-Kombination oder Buchstaben-Ziffern-Kombination bestehen. Der Angabe ist der Buchstabe „L" voranzustellen, damit sie sich deutlich von den anderen Angaben der Kennzeichnung unterscheidet.

Ein Los ist die Gesamtheit von Verkaufseinheiten eines Lebensmittels, das unter praktisch gleichen Bedingungen erzeugt, hergestellt oder verpackt wurde.

Die Losangabe ist nicht erforderlich bei Lebensmitteln, bei denen das Mindesthaltbarkeitsdatum oder Verbrauchsdatum unverschlüsselt unter Angabe mindestens des Tages und des Monats in dieser Reihenfolge angegeben ist.

Daraus ist ersichtlich, dass diese Verordnung bei der Direktvermarktung nur selten relevant ist.

Fertigpackungs-Verordnung

Fertigpackungen dürfen gewerbsmäßig nur in den Verkehr gebracht werden, wenn die Füllmenge nach Gewicht, Volumen oder Stückzahl oder in einer anderen Größe angegeben ist. Die Angabe hat der allgemeinen Verkehrsauffassung zu entsprechen. Die Füllmenge ist die Menge, die eine einzelne Fertigpackung enthält. Wer Fertigpackungen zum baldigen Verkauf überwiegend von Hand herstellt, darf die Füllmenge durch ein Schild auf oder neben der Fertigpackung angeben.

Die Zahlenangaben müssen mindestens folgende Schriftgrößen haben:

Nennfüllmenge in g oder ml	Schriftgröße in mm
Bis 50	2
mehr als 50 bis 200	3
mehr als 200 bis 1000	4
mehr als 1000	6

32

Diese Bestimmungen über die Füllmengenangabe sind auf offenen Packungen, die in Abwesenheit des Käufers abgefüllt werden, entsprechend anzuwenden. Für bestimmte Lebensmittel, z.B. Fruchtsaft, Honig, Spirituosen, Konfitüren, sind verbindliche Nennfüllungen vorgeschrieben.

Angaben bei Abgabe von Fleisch bzw. -erzeugnissen

Bei Abgabe von Fleisch und losen Wurstarten sind insbesondere folgende Angaben zu beachten:
1. Verkehrsbezeichnung
2. Kenntlichmachung von Zusatzstoffen/Zutaten
3. Preisangabe

Bei der Kennzeichnung von Fertigpackungen (z.B. Dosenware) sind insbesondere folgende Angaben erforderlich:
1. Verkehrsbezeichnung
2. Mindesthaltbarkeitsdatum (MHD)
3. Zutatenverzeichnis
4. Name und Anschrift des Herstellers
5. Gewichtsangabe/Füllmenge (Eichgesetz)

Preisangabeverordnung

Die Preisangabeverordnung verpflichtet zur Angabe von Preisen, die neben der Umsatzsteuer auch alle sonstigen Preisbestandteile enthalten (Endpreise).

Preisauszeichnung bei loser Ware

Bei loser, nach Gewicht oder Volumen vermarkteter Ware, ist der Preis auf 1 Kilogramm oder 100 Gramm, bzw. auf 1 Liter oder 100 Milliliter zu beziehen. Waren, die sichtbar ausgestellt und/oder vom Verbraucher entnommen werden können, sind durch Preisschilder oder Beschriftung der Ware zu kennzeichnen. Waren, die nicht in Selbstbedienung abgegeben werden, können z.B. durch Preisschilder, Beschriftung der Behältnisse oder durch das Auflegen von Preisverzeichnissen ausgezeichnet werden.

Preisauszeichnung bei Lebensmitteln in Fertigpackungen

Lebensmittel in Fertigpackungen, die an Letztverbraucher abgegeben werden, müssen mit einem Grundpreis gekennzeichnet sein. Kleine Direktvermarkter, die ihre Waren in Fertigpackungen oder offenen Packungen überwiegend in Bedienung abgeben und keinem Vertriebssystem angeschlossen sind, können auf die Grundpreisangabe verzichten. Der Grundpreis entspricht dem für ein Kilogramm oder Liter geforderten Preis.

Verordnung (EWG) „Ökologischer Landbau"

Wenn Lebensmittel angeboten werden, denen zu entnehmen ist oder die beim Käufer den Anschein erwecken, dass sie aus ökologischem Landbau stammen oder ohne Verwendung chemisch-synthetischer Mittel erzeugt worden sind, ist Folgendes zu beachten:
Ein Erzeugnis gilt als aus ökologischem Landbau stammend gekennzeichnet, wenn in der Etikettierung, der Werbung oder den Geschäftspapieren das Erzeugnis Angaben

enthält, die dem Käufer den Eindruck vermitteln, dass das Erzeugnis oder seine Bestandteile nach den Produktionsregeln des ökologischen Landbaus gewonnen wurden, insbesondere z. B. durch Begriffe, wie „ökologisch", „Öko" oder „Bio".

Alle Betriebe, die Produkte erzeugen, aufbereiten, einführen oder vermarkten, die als Erzeugnisse aus ökologischem Landbau gekennzeichnet sind, müssen sich einem routinemäßigen Kontrollverfahren unterziehen, das den gemeinschaftlichen Mindestanforderungen entspricht und von den zuständigen Kontrollgremien und/oder zugelassenen und überwachten privaten Stellen durchgeführt wird.

Jedes Unternehmen, das mit dem Ziel der Vermarktung derartige Erzeugnisse erzeugt oder aufbereitet, ist verpflichtet, diese Tätigkeit bei der zuständigen Behörde zu melden und seine Tätigkeit dem Kontrollverfahren zu unterstellen.

Die zuständigen Behörden sind die jeweiligen Regierungspräsidien bzw. höheren Verwaltungsbehörden. Für die Durchführung des Kontrollverfahrens sind ausschließlich die zugelassenen privaten Kontrollstellen zuständig (eine Anschriftenliste ist beim zuständigen Regierungspräsidium bzw. der höheren Verwaltungsbehörde erhältlich).

Eichgesetz

Die wesentlichen eichrechtlichen Bestimmungen sind im Eichgesetz und in der Fertigpackungsverordnung enthalten. Die Vorschriften des Eichgesetzes betreffen vor allem die Eichpflicht von Messgeräten wie Waagen etc. Eine gewerbsmäßig genutzte Waage ist eichpflichtig.

Gesetz gegen den unlauteren Wettbewerb

Das Gesetz gegen den unlauteren Wettbewerb soll den einzelnen Unternehmer vor wettbewerblichen Angriffen durch die Konkurrenten schützen, andererseits soll es den Verbraucher vor einer Beeinträchtigung durch unlautere Wettbewerbsmaßnahmen bewahren.

Maßnahmen zur Arbeitssicherheit

Nur in wenigen Berufssparten ist die Unfallgefahr so groß wie im Fleischerhandwerk. Man ist nicht nur durch das Arbeiten mit dem Messer, mit heißem Wasser oder durch den Umgang mit den Schlachttieren gefährdet. Weitere Gefahren wie die Rutschgefahr auf dem Boden oder Infektionsrisiken (Rotlauf, Maul- und Klauenseuche, Milzbrand), das Arbeiten an Maschinen usw. kommen hinzu. In der Hausschlachterei haben manche Unfallquellen nicht die Bedeutung wie im Schlachthof oder der Wurstfabrik, aber ich halte es doch für wichtig, auf einige Arbeitssicherheitsmaßnahmen hinzuweisen.

Fleischerschürze, Stiefel

Gegen heißes Wasser hilft die persönliche Schutzausrüstung dann, wenn sie wasserdicht ist. Die typische lange Fleischerschürze (regional auch „Lackschürze" genannt) erfüllt diese Anforderungen recht gut. Sie gehört zur Standardausrüstung des Fleischers und dient auch dem Zweck, seine Arbeitskleidung vor zu starker Verschmutzung zu bewahren.

Die Fleischerschürze reicht in der Regel vom Hals bis zur Wadenmitte oder etwas darunter. Dadurch ist ein weitgehender Schutz des Unterleibes und der Beine gewährleistet. Trägt man dazu noch Stiefel mit einem hohen Schaft – am besten aus Kautschuk (z. B. Gummistiefel) – so ist sichergestellt, dass Heißwasserspritzer von vorne und von oben wenig Schaden anrichten können.

Stechschutzschürze

Die größte Gefahr stellen die Stich- und Schnittverletzungen mit dem Handmesser

dar. Viele schwere Messerunfälle entstehen dadurch, dass beim Auslösen und Zerlegen – also bei Arbeiten, bei denen das Messer auch zum Körper hin geführt wird – Stich- und Schnittverletzungen im Unterbauch oder Oberschenkelbereich auftreten. Man kann sich dagegen durch eine Stechschutzschürze schützen. Diese Spezialschürzen waren früher schwer und aus diesem Grund auch unbequem zu tragen. Mittlerweile gibt es leichte, bequem zu tragende Modelle aus Edelstahl-Ringgeflecht oder Alu-Schuppenplättchen-Geflecht.

Beim Hausschlachten auf einem Bauernhof

Schnitthemmende und Metallgeflechthandschuhe, Unterarmstulpen

Für den wirksamen Schutz der materialhaltenden Hand muss zunächst der Charakter der jeweils durchzuführenden Arbeiten in Betracht gezogen werden:

Schnitthemmende Handschuhe

Sie sind meist aus einem Spezialgewebe hergestellt und bieten häufig ausreichenden Schutz bei reinen Schneidearbeiten. Im Gegensatz zur Schneide kann die Messerspitze das Material der schnitthemmenden Handschuhe leicht durchdringen.

Metallgeflechthandschuhe

Sie sind aus Metallgeflecht hergestellt und schützen wirksam gegen Stichverletzungen. Die Ringe sind hier um etwa 50 % kleiner als die der vergleichbaren Stechschutzschürze. Diese Metallgeflechthandschuhe schützen wirksam gegen Stichverletzungen. Bei Arbeiten an Entschwartern und Sägen aber dürfen Handschuhe aus Metallringgeflecht unter gar keinen Umständen getragen werden! Verletzungen an solchen Geräten sind mit Handschuhen meist wesentlich schwerer als ohne sie.

Unterarmstulpen

Sie sind entweder aus hartem Kunststoff oder aus Metallringgeflecht hergestellt und schützen den Unterarm der materialhaltenden Hand vor Stich- und Schnittverletzungen.

Kälteschutzkleidung

Da beim Hausschlachten die Schlachtarbeiten häufig im Freien verrichtet werden, ist es vor allem in den Wintermonaten wichtig, den Körper gegen Kälte zu schützen. Auch bei Regen sollte auf jeden Fall wasserundurchlässige Kleidung getragen werden.

Es ist sicherlich sinnvoll, eine Kälteschutzweste zu tragen, die den Oberkörper vor dem Auskühlen schützt, dabei aber die nötige Bewegungsfreiheit gewährt und sicherstellt, dass der bei der Arbeit entstehende Schweiß problemlos verdunsten kann. Wichtig ist auch die Wahl der richtigen Unterkleidung. Diese sollte den Schweiß von der Haut nach außen abtransportieren. Gut bewährt haben sich hier verschiedene Kunstfasern, die auch für Sportkleidung verwendet werden.

Da der Kopf jener Körperbereich ist, der in seinem ganzen Umfang Kontakt mit der Umgebungskälte hat, erleidet er auch die größten Wärmeverluste. Zu seinem Schutz eignen sich Wollhauben und Wollmützen. Davon ist unbedingt Gebrauch zu machen! Andernfalls drohen nicht nur vorübergehende Erkältungen, sondern auch Dauerschäden. Droht irgendwelche Gefahr durch herabstürzende Gegenstände wie Haken usw., so ist unbedingt ein Schutzhelm zu tragen. Diese Helme gibt es auch kombiniert mit Kälteschutzhauben.

Beschaffenheit der Böden in Schlachträumen, Wurstküchen und Kühlräumen

In diesen Räumen liegt durch den Umgang mit Fett, Wasser usw. eine erhöhte Rutschgefahr vor. Diese Stoffe gelangen produktions- oder arbeitsbedingt auf den Fußboden und erhöhen die Rutschgefahr. Um einen Fußboden sicher begehen zu können, müssen bestimmte Reibungswerte zwischen Schuh und Fußboden vorhanden sein. Gleitfördernde Stoffe beeinflussen die Reibungsverhältnisse negativ und die durch den Schuh auf den Fußboden übertragbaren rutschhemmenden Kräfte werden geringer. Das Zusammenwirken verschiedener gleitfördernder Stoffe, z. B. Fett und Wasser, kann die Rutschgefahr erhöhen. Von Bedeutung für die Bewertung der Rutschgefahr sind auch die Größe des Arbeitsraumes oder –bereiches, die Anzahl der Beschäftigten im Arbeitsraum oder –bereich, die Menge der auf den Fußboden gelangenden gleitfördernden Stoffe, die Verschmutzung usw. Diese Dinge treten z. B. in Wurstküchen sehr stark auf.

In Arbeitsräumen und –bereichen mit erhöhter Rutschgefahr müssen rutschhemmende Bodenbeläge eingesetzt werden. Diese Anforderung können raue oder profilierte Bodenbeläge erfüllen, z. B. keramische Fliesen und Platten, Estriche aus mineralischen Bestandteilen mit Zement als Bindemittel, kunstharzgebundene Estriche o. ä.

Bei der Planung neuer Betriebsräume oder bei Umbau, Änderung oder Renovierung stellt sich die Frage nach der Auswahl geeigneter Bodenbeläge. Für diese Auswahl ist es wichtig, sich alle Anforderungen bewusst zu machen, denen der künftige Bodenbelag entsprechen soll.

Bei der Auswahl der Bodenbeläge muss nicht nur geprüft werden, ob der vorgesehene Bodenbelag für den Verwendungsbereich ausreichende Rutschhemmung besitzt. Außerdem sollte man sich vergewissern, ob die mechanische Festigkeit des Bodenbelags, die Beständigkeit gegen chemische und physikalische Einwirkungen sowie die Haftung des Bodenbelags auf dem Untergrund den zu erwartenden Belastungen standhalten.

Beschädigte Böden setzen die Rutschhemmung herab, erhöhen die Stolpergefahr und können auch aus hygienischer Sicht Nachteile bringen. Bei der Auswahl der Bodenbeläge sollte auch die Art des späteren Reinigungsverfahrens berücksichtigt werden.

Es ist unbedingt ratsam, bei der Auswahl eines neuen Bodens einen Fachmann zu Rate zu ziehen. Dieser kann das Gefahrenrisiko abwägen, kennt sich in den Vorschriften aus und kann die verschiedenen Varianten aufzeigen.

Zuständige Behörden für Hausschlachtung bzw. Direktvermarktung von Fleisch bzw. –erzeugnissen

- Veterinärämter der Landkreise und der kreisfreien Städte (Lebensmittelüberwachung, Tierschutzrechtliche Bestimmungen, Registrierung, Schlachttier- und Fleischuntersuchung, Hygienerechtliche Bestimmungen)
- Amtlicher Tierarzt (Schlachttier- und Fleischuntersuchung)
- Wirtschaftskontrolldienst (Lebensmittelüberwachung)
- Eichamt (Eichrechtliche Bestimmungen)
- Gesundheitsamt (Seuchenrechtliche Bestimmungen)
- Ordnungsamt (Gewerbeschein, Reisegewerbekarte)
- Gewerbeaufsichtsamt (Gewerberechtliche Bestimmungen)
- Handwerkskammer (Handwerksordnung)
- Finanzamt (Steuerrechtliche Bestimmungen)
- Berufsgenossenschaft (Arbeitssicherheit)
- Bürgermeisteramt (Straßenverkauf)
- Straßenbaubehörde (Straßenverkauf)
- Straßenverkehrsbehörde (Straßenverkauf)
- Chemische und Tierärztliche Untersuchungsstellen

Schlachten

Das Schlachten von Schweinen

Betäubung und Blutentziehung

38

Das Schwein sollte ausgeruht zur Schlachtung kommen, vor der Tötung werden Verladungen und größere Transporte besser vermieden. Zugekaufte Tiere holt man nach Möglichkeit schon am Vortag des Schlachtens ab und bringt sie im eigenen Stall unter. Am Tag vor der Schlachtung sollten die Tiere nicht mehr gefüttert, nur noch getränkt werden, da ein voller Magen die Tiere bei Transporten zu sehr anstrengt. Das Reinigen der Därme wird dadurch auch erleichtert.

Beim Transport bzw. Treiben des Schweines vor der Tötung sollte mit viel Geduld und Sorgfalt vorgegangen werden, auch wenn dies nicht immer ganz leicht ist. Dies hat verschiedene Gründe:

1. Ein altes Sprichwort sagt: „Quäle nie ein Tier zum Scherz, denn es spürt wie du den Schmerz!" Damit ist im Grunde genommen alles gesagt.

Betäubung mit Bolzenschuss

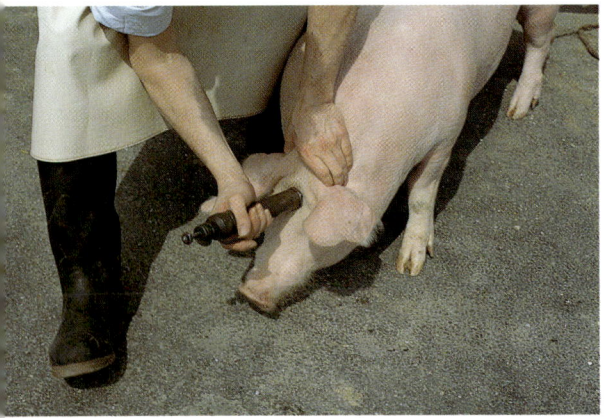

2. Ein aufgeregtes Tier blutet bei der Blutentziehung nicht so gut aus wie ein ruhiges, außerdem leidet die Fleischqualität oft sehr stark darunter. PSE-Konsistenz (pale, soft, exudative = blass, weich, wässrig) oder DFD-Konsistenz (dark, firm, dry = dunkel, fest, trocken) können die Folge sein. Bei PSE-Fleisch geht der Säuerungsprozess nach der Schlachtung zu schnell vor sich. Es ist hauptsächlich bei Fleischteilen wie Schlegel, Kotelett und Schulter anzutreffen. DFD-Fleisch kommt bei Schweinen viel seltener vor, dabei tritt das Gegenteil ein: der Säuerungsprozess nach der Schlachtung geht zu langsam. PSE- oder DFD-Fleisch können zu bestimmten Wurstsorten (z. B. Rohwurst) nicht oder nur zu einem geringen Teil mitverarbeitet werden. Das Auftreten von PSE- oder DFD-Konsistenz ist sehr stark von der Behandlung des Tieres vor der Schlachtung, außerdem aber auch von Rasse und Fütterung abhängig.

3. Ein Tier kann durch sehr rauen Umgang (Zerren, Schlagen mit Stöcken usw.) Kreislaufstörungen bekommen, die im Extremfall zum Herzschlag führen. Beim Transport zum Schlachthof ist das keine Seltenheit. Im anderen Extremfall, der vor allem bei schweren Schweinen (Sauen, Ebern) auftreten kann, werden die Tiere bösartig und greifen unter Umständen Menschen an. Die Gefährlichkeit eines Tieres sollte nie unterschätzt werden.

Die Tötung des Schweins sollte aus all diesen Gründen möglichst rasch, sicher und gefahrlos erfolgen. Bei einer Hausschlachtung ist es üblich, das Tier mit einem Strick am rechten Hinterfuß am Boden an einem Ring anzubinden. Wenn Blut zur Wurstherstellung benötigt wird, sollten Blutschüssel, Bluteimer und Rührstock bereitstehen. Vor allem bei Einfängern sollten mindestens vier Personen dabei sein: der Metzger, jemand zum Halten des Tieres, jemand zum Blut auffangen, jemand zum Blut rühren, damit es nicht gerinnt. Gegen das Gerinnen wird vor allem in größeren Betrieben Blutfibrisol eingesetzt. Beim Hausschlachten ist das jedoch nicht üblich.

Die Betäubung wird gewöhnlich mit dem Bolzenschussapparat vorgenommen, inzwischen verbreitet sich auch die elektrische Betäubung mit der Stromzange immer mehr. Der Einschusspunkt für den Bolzenschussapparat liegt, wenn man die Augen des Schweins als Unterkante nimmt, genau in der Mitte der Stirn. Der Apparat wird rechtwinklig aufgesetzt und gut angedrückt, danach muss ein Moment abgewartet werden, in dem das Tier ruhig steht. Dann wird abgedrückt, das Tier fällt zu Boden. Die Betäubung muss so erfolgen, dass das Schwein bei der Blutentziehung keinen Schmerz mehr empfindet. Das Tier muss so gut wie möglich ruhig gestellt sein, da sonst ein exakter Einstich zur Blutentnahme und damit ein gutes Ausbluten vom Zufall abhängen. Das ist jedoch die Grundvoraussetzung für haltbares Fleisch.

Die Blutentziehung erfolgt beim Schwein durch den Halsstich, sie sollte möglichst rasch nach der Betäubung erfolgen, damit das noch schlagende Herz das Blut durch den Einstich nach außen drückt. Je länger mit dem Ausbluten gewartet wird, desto mehr Keime nimmt das Blut aus dem Darm auf. Zwar ist das nicht gänzlich zu vermeiden, es sollte jedoch so weit wie möglich eingeschränkt werden. Beim Hausschlachten wird die Blutentziehung im Liegen vorgenommen, im Gegensatz zu den Schlachthöfen, wo die Blutentziehung heutzutage ausschließlich im Hängen erfolgt. Das Tier wird, immer von hinten nach vorn gesehen, auf die rechte Seite gelegt, so dass der Strick spannt (bei schweren Schweinen oder wenigen Helfern beide Hinterfüße anbinden). Der Metzger zieht nun mit dem rechten Fuß den Kopf des Schweines zurück und kniet sich mit dem linken Knie in den Nacken des Tieres. Mit der linken Hand wird

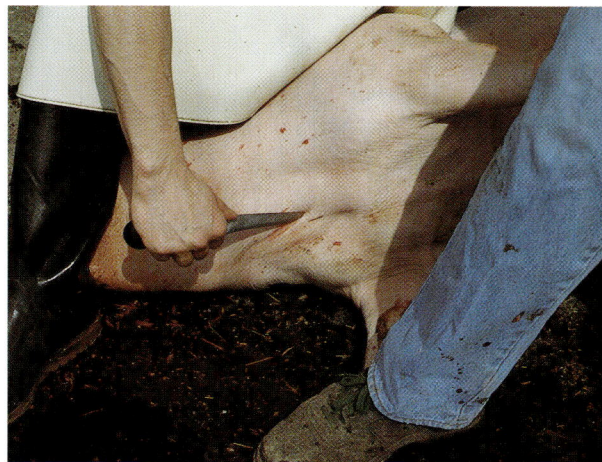

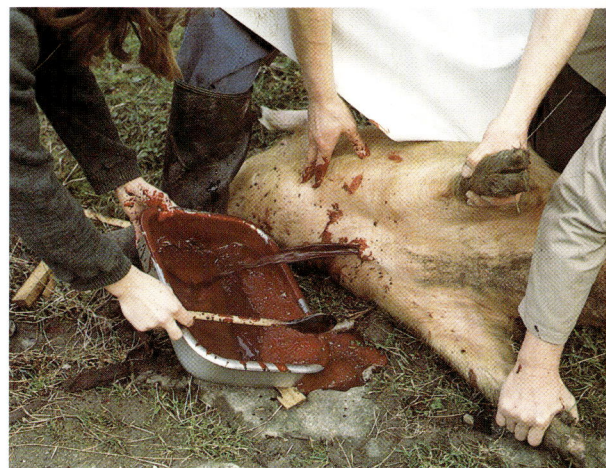

Oben: Einstich mit dem Messer
Unten: Stichwunde (Bluten)

nun der linke Vorderfuß nach oben gezogen. Ein Helfer kniet sich hinter den Metzger auf das Tier und drückt den rechten Fuß des Tieres auf den Boden. Er muss dabei darauf achten, dass ihm das Schwein nicht mit dem freien linken Fuß ins Gesicht schlägt (wenn dieser nicht angebunden ist). Nun ist der Hals des Tieres angespannt, das ist wichtig, da man sonst nur einen schlechten Anhaltspunkt zum Einstich hat. Die Einstichstelle liegt ca. 3 Finger vor dem Brustbein, gestochen wird in Richtung Schwanzwurzel. Ist das Messer am Anschlag, wird es in der Stichwunde gedreht. Es wird mit der Schneide nach unten eingestochen und mit der Schneide nach oben herausgezogen. Dadurch werden die Hauptadern mit der Schneide durchtrennt. Einen guten Einstich erkennt man daran, dass das Blut nach dem Stechen sofort kräftig aus der Stichwunde quillt. Wichtig ist beim Einstechen ebenso wie beim Schießen, einen ruhigen Moment abzuwarten. Wenn der erste Stich misslungen ist, wird der zweite schwieriger, oder er ist völlig erfolglos.

Ist das Messer herausgezogen, wird das Blut sofort von einem weiteren Helfer mit der Schüssel aufgefangen. Die Blutschüssel sollte flach sein, damit sie bequem unter die Einstichstelle gehalten werden kann. Ist die Schüssel halbwegs voll, drückt der Metzger die Stichwunde mit der rechten Hand zu. Das Loch sollte nur so groß sein, dass es mit einem Finger zugehalten werden kann, damit beim Brühen möglichst wenig Wasser in die Stichwunde eindringen kann und das Fleisch dadurch verschmutzt wird.

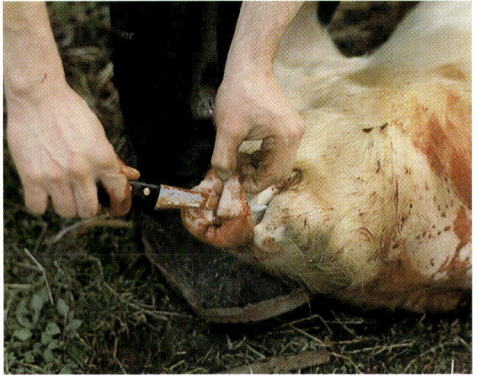

Rüsseln

Die gefüllte Blutschüssel wird nun in den Eimer entleert, in dem der vierte Helfer das Blut mit dem Rührstock kräftig schlägt. Wenn das Bluten nachlässt, wird das Restblut durch Auf- und Abpumpen des linken Vorderfußes herausgepresst. Ist das Blut fertig gerührt, wird es kalt gestellt.

Fehler beim Stechen

1. Kommt man mit dem Messer beim Stechen zu weit nach unten oder oben, sticht man zwischen Rippen und Bug. Dies nennt man „verbügen". Das Resultat ist ein langsames und unvollständiges Ausbluten.
2. Wird zu weit Richtung Rücken gestochen, wird die Luft- bzw. Speiseröhre verletzt. Beim Anschneiden der Luftröhre fließt das Blut durch die Nase nach außen oder nach innen in die Lunge. Beim Verletzen der Speiseröhre (Schlund) wird das Blut mit dem Mageninhalt vermischt und somit zum Verarbeiten untauglich.
3. Wird zu weit gegen das Brustbein gestochen, so verblutet das Tier nach innen. Es bildet sich meist ein großer Blutklumpen, den man auch „zweite Leber" nennt.

Brühen und Hären

Nach der Tötung wird das Tier gerüsselt: in den Rüssel wird ein Loch geschnitten, damit kann das Schwein beim Brühen und Hären leichter gehalten werden. Beim Brühen werden Borsten und Haut mit heißem Wasser gelöst, so dass sie abgekratzt werden können. Beim Hausschlachten gibt es dabei zwei Möglichkeiten: Brühen mit der Brühmulde aus Holz oder verzinktem Material und Brühen mit der Brühbutte. Eine Butte ist ein fassartiges, konisches Gefäß aus Holz, das auf einer Seite offen ist. Man kann auch ein 200-l-Fass verwenden, wie es in der Industrie gebräuchlich sind. Diese Fässer erhält man oft kostenlos oder gegen ein Trinkgeld.

Brühen in der Butte

Das ist die seltenere Methode, sie ist nur in einigen Regionen verbreitet.

Zunächst wird das Schwein auf den Bauch gesetzt, so dass es alle Beine ausstreckt. Dann werden alle Beine gleichmäßig angehoben, auf diese Weise hebt man das Schwein am leichtesten auf den Schragen. Die Butte wird nun so an eine Stirnseite des Schragens gestellt, dass sie beim Kippen gut an ihm anliegt. Im Kessel sollte jetzt ausreichend heißes Wasser sein, ca. 80–100 l. Das Wasser sollte nicht zu lange kochen, da es sonst „hart" wird, was das Brühen erschwert. Das heiße Wasser wird in die Butte geschüttet und durch Zugabe von kaltem auf eine Temperatur von ca. 70°C gebracht. Bei kalten Außentemperaturen oder bei einem älteren Schwein muss das Wasser dementsprechend heißer sein. Um die Arbeit zu erleichtern, kann man das Schwein mit Brühpech einreiben. Das Schwein wird nun von zwei Personen ca. 50 cm auf dem Schragen angezogen und so angehoben, dass eine dritte Person die mit Wasser gefüllte Butte an den Schragen anlehnen kann. Dann wird das Tier in die Butte geschoben. Diese Arbeit kann man sich erleichtern, indem man ein Rundeisen oder einen stabilen Holzstiel auf den Schragen unter das Schwein legt und an diesem an beiden Seiten anhebt. Die Butte wird mit der Sau hochgestellt. Gewöhnlich wird zuerst das Hinterteil gebrüht, da am Anfang das Wasser noch heißer ist. Es ist immer noch besser, das Hinterteil als den Kopf zu verbrühen. Das Schwein wird an der Seite, die nach außen über den Buttenrand hängt, von Zeit zu Zeit abgedrückt. Dadurch kann man vermeiden, dass das Schwein in der Butte anklebt, diese Stellen sind dann schlecht abzukratzen. Es muss immer wieder kontrolliert werden, ob

Oben: Anziehen in die Brühbutte
Unten: Schwein in der Brühbutte

sich die Haut mit den Borsten schon löst. Wenn das so weit ist, wird die Butte wieder an den Schragen gelehnt. Dieser muss mit den Füßen angehalten werden, damit er nicht wegrutscht. Nun wird das Tier aus der Butte gezogen und sofort mit den Schabglocken abgekratzt. Die Stellen, an denen sich die Haut noch nicht löst, werden nochmals mit

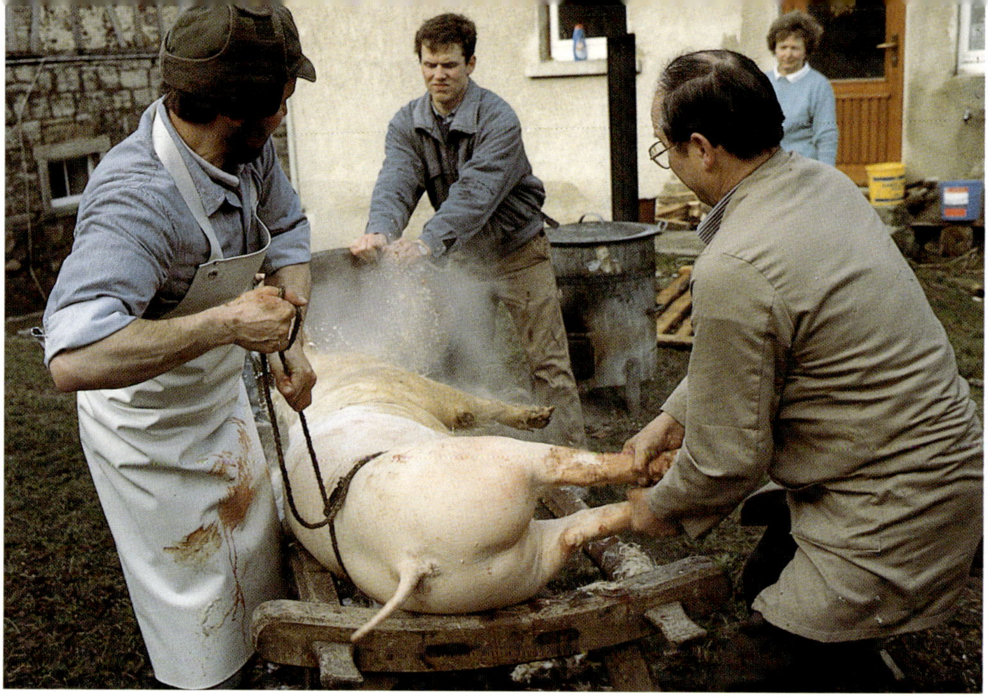

Aus der Butte ziehen

heißem Wasser übergossen und nachbearbeitet. Die Klauen können herausgezogen werden, aber das soll hier nicht näher erklärt werden. Es ist heutzutage eher Sitte, die Klauen beim Zerlegen abzuhacken. Der Brühvorgang wird auf der anderen Seite wiederholt, da nur das halbe Tier gebrüht ist. Sollte das Wasser in der Mitte nicht zusammenreichen, so übergießt man den Saurücken während des Brühens mit heißem Wasser. Vorsicht, dass das Tier nicht verbrüht wird, denn sonst wird die Schwarte sulzig oder sie löst sich beim Kratzen mit. Das kann passieren, wenn das Wasser zu heiß ist oder wenn heißes Wasser zu lange einwirkt.

Das Brühen in der Brühmulde (Brühtrog)

Das Brühen im Trog ist geläufiger, es gibt dabei zwei Anwendungsweisen.

Die alten Hausmetzger lassen das Schwein nach der Tötung am Boden liegen. Die Brühkette, eine Kette von ca. 2 m Länge, die an beiden Enden einen Handgriff hat, wird über die Mulde gelegt. Der Trog wird nun parallel neben das Schwein auf die Seite gelegt. Das Schwein wird hineingewälzt und die Brühmulde wieder auf den Boden gestellt. Dabei

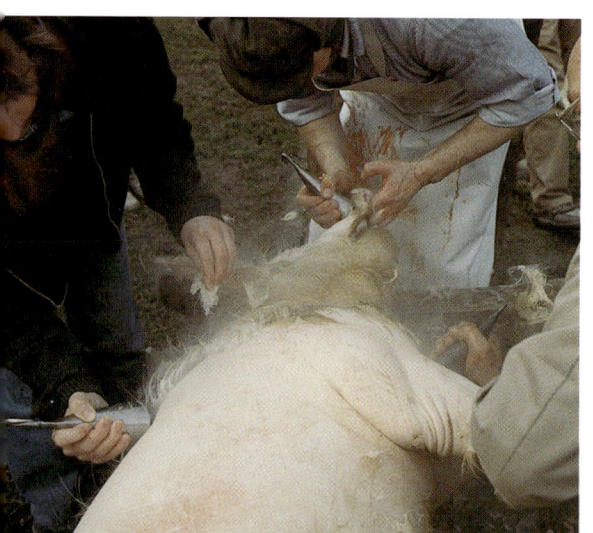

Abkratzen mit Schabglocken

ist wichtig, dass die Kette unter dem Schwein liegt und die Enden der Kette über den Rand des Troges ragen. Die Sau wird nun so auf den Bauch gesetzt, dass sie alle vier Beine von sich streckt.

Das Wasser wird bereits im Eimer auf die richtige Temperatur (70–75 °C) gebracht. Man sollte am besten drei bis vier Eimer vorbereiten. Das heiße Wasser wird nun langsam über den Rücken des Tieres geschüttet. Man muss immer wieder kontrollieren, ob sich die Haut löst. Ist dies der Fall, wird der Rücken mit den Scharren abgekratzt, ebenso die Ohren und die Oberseite des Kopfes. Nun wird die Kette hin und her gezogen, dadurch löst sich die Haut am Bauch. Das Tier wird danach mit der Kette auf beide Seiten gelegt. Die Kette wird wieder hin und her gezogen. Dadurch werden die Seiten von der Haut und den Borsten befreit. Jetzt nimmt man eine Galgenstange und verknotet die Kette ungefähr in der Mitte der Stange. Man stellt den Schragen vor die Brühmulde und an jeder Seite hebt ein Helfer die Stange mit dem Tier an. Eine dritte Person hält am Rüssel das Gleichgewicht. Auf diese Weise bringt man das Schwein am einfachsten auf den Schragen. Bei schweren Tieren müssen entsprechend mehr Leute helfen oder man benutzt einen Frontlader bzw. einen Aufzug. Jetzt müssen die restlichen Stellen, an denen die Haut und die Borsten noch nicht entfernt sind, abgekratzt werden, das sind in der Regel der Kopf, die Füße und die Innenseiten der Beine. Beim Brühen im Trog muss darauf geachtet werden, dass keine Stelle zu lange im heißen Wasser bleibt und dass alle Körperteile in das heiße Wasser kommen. Man sollte einen Eimer kochendes Wasser für Nacharbeiten in Reserve haben.

Bei der anderen Methode zum Brühen im Trog wird das Schwein zunächst auf den Schragen gelegt. Danach wird das Wasser in der Brühmulde auf eine Temperatur von ca.

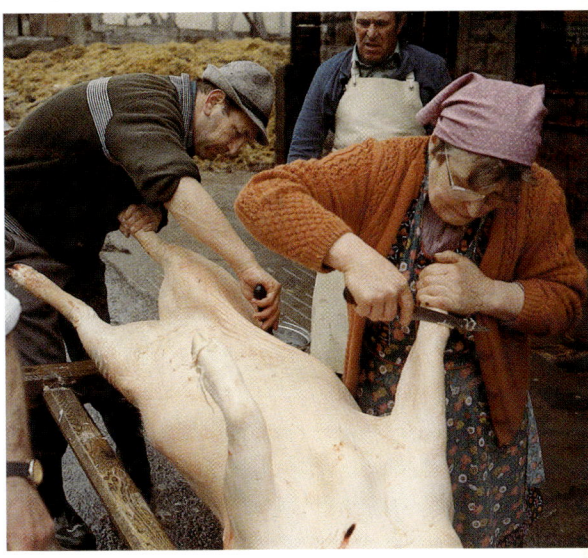

Hären mit Messern (Rasieren)

70 °C gebracht. Jetzt kommt das Schwein in das Wasser, wobei ebenfalls die Kette unter der Sau liegen muss. Hier wird das Tier zunächst auf der einen Seite gebrüht, dann wird das Schwein mit der Kette auf die andere Seite gedreht. Die weiteren Arbeiten sind dieselben wie oben beschrieben. Das Schwein kann auch mit einem Haken aus dem Brühtrog gezogen werden. Dazu schneidet man mit dem Messer einen Schnitt in die Spitze des Unterkiefers und hängt den Haken ein. Dieser Spezialhaken hat auf jeder Seite einen Haltegriff. Nun stellt man den Schragen wieder vor die Brühmulde und zieht die Sau schräg nach oben auf den Schragen. Bei dieser Brühmethode kann das Wasser besser temperiert werden, der Kraftaufwand ist aber größer.

Ist die Haut mit den Borsten sauber abgekratzt, wird das Tier zunächst auf einer Seite mit kaltem Wasser abgewaschen. Danach wird mit gut geschärften Messern gehärt, die

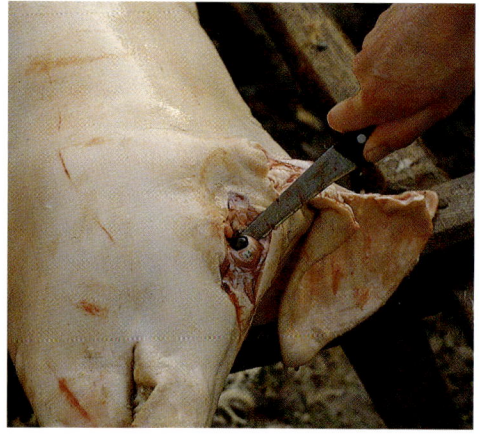

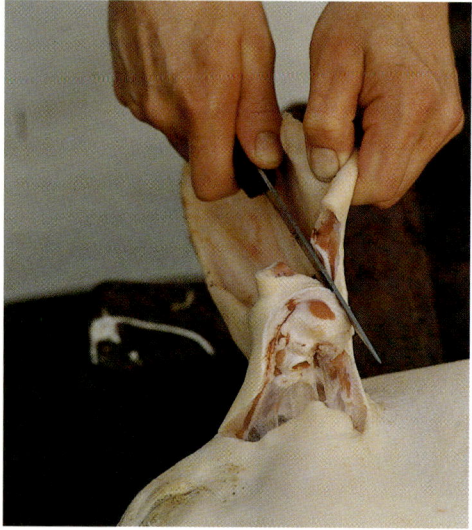

Oben: Ausschneiden des Auges
Unten: Ausschneiden der Ohrmuschel

Schwarte nicht verletzt wird, da sonst Verunreinigungen an das Fleisch gelangen können. Die Härarbeiten können vor allem an den Füßen und am Kopf durch Gasbrenner unterstützt werden. Das Auge wird gleich herausgestochen, dabei muss darauf geachtet werden, dass es nicht ausläuft. Man sticht am besten mit dem Messer zwischen Auge und Knochen und dreht das Messer um das Auge. So wird es gelöst und man kann es mit der Hand herausreißen. Danach wird die Ohrmuschel herausgeschnitten, dabei muss man beachten, dass die Gehörgänge sauber bis auf den Schädelknochen mit dem Messer erfasst werden. Diese Seite des Schweines wird nochmals kräftig, vielleicht sogar mit einer Bürste, abgewaschen. Das Tier wird auf die andere Seite gedreht und die beschriebenen Arbeiten werden wiederholt.

Vorbereitungen zum Ausweiden

Das Lösen der Zunge
Dazu bleibt das Tier auf der Seite liegen. Zuerst erfolgt ein Schnitt von der Brustspitze bis zur Mitte des Unterkiefers, so dass die Unterseite der Zunge sichtbar wird. Mit einer Hand hebt man die Schweinebacke an und schneidet auf der linken und rechten Seite tiefer ein. An der Spitze der Zunge darauf achten, dass sie nicht verletzt wird! Die Zunge ist gelöst und wird herausgezogen. Nun kann beim Ausnehmen der Schlund mühelos gelöst werden.

Das Aufflechsen
Das Schwein wird an den beiden hinteren Füßen aufgehängt. Dazu müssen die Sehnen oder Flechsen freigelegt werden. Der erste Schnitt erfolgt vom Fesselgelenk bis an die kleinen Klauen, danach folgt jeweils ein Schnitt rechts und links der Flechsen. Mit dem Finger wird kontrolliert, ob sie richtig freiliegen. An jedem Fuß sind zwei Sehnen.

Haare werden abrasiert. Man zieht dabei das Messer leicht angewinkelt über die Schwarte. ist die Messerführung zu flach, bleiben Haarstoppel stehen. Bei zu steiler Messerführung kratzt man nur über die Schwarte. Man sollte auch darauf achten, dass beim Rasieren die

Wichtig ist, dass keine mit dem Messer durchtrennt wird und dass beim Aufhängen an jedem Fuß beide eingehängt werden, sonst können sie abreißen.

Das Aufschlossen des Schweines im Liegen
Normalerweise wird ein Schwein im Hängen aufbeschlosst. Beim Hausschlachten wird das Tier an das Nagelholz gehängt, das, anders als die Pendelhaken in den Schlachthöfen, starr ist. Deshalb ist es eine große Erleichterung, diese Arbeit am liegenden Schwein zu verrichten. Außerdem können die Füße beim Aufhängen besser gespreizt werden, was beim Ausnehmen und Abspalten das Arbeiten vereinfacht. Das Tier liegt dabei auf dem Rücken. Zunächst führt man einen Schnitt genau in der Mitte zwischen den beiden Schlegeln. Der Schnitt wird so lange vertieft, bis man am Schloss anlangt. Wenn kein rotes Fleisch erscheint, ist die Schnittführung korrekt. Nun klopft man die Messerspitze in die Schlossmitte und bewegt das Messer nach vorn und hinten, schon springt das Schloss auf. Vorsicht, nicht in Därme und Blase stechen! Anfänger können das Schloss auch aufsägen. Danach wird der Lochdarm (After) von allen Seiten freigelegt.

Das Aufhängen des Tiers
Zunächst wird das Nagelholz auf den Schragen gelegt und die vier Füße des Galgens werden eingesteckt. Danach hängt man die Flechsen in das Nagelholz ein, der Galgen wird nach oben gedrückt. Dabei sollten die Galgenfüße auf jeder Seite von einem Helfer fest gehalten werden, damit sie nicht wegrutschen. Vor allem bei betoniertem Untergrund müssen die Galgenfüße fest verankert sein,

Oben: Lösen der Zunge
Mitte: Ausschneiden der Zunge
Unten: Aufflechsen der Hinterfüße

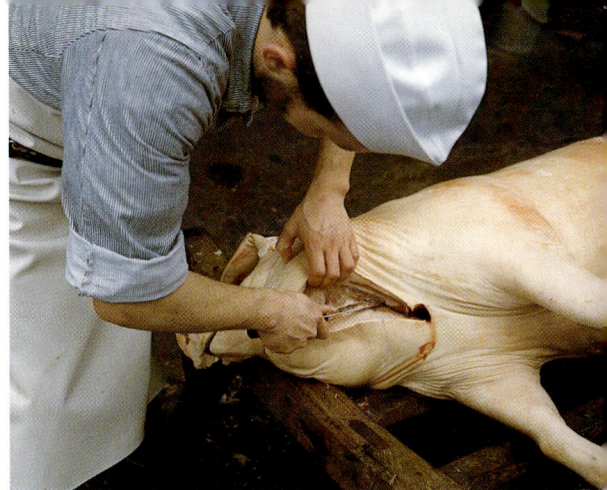

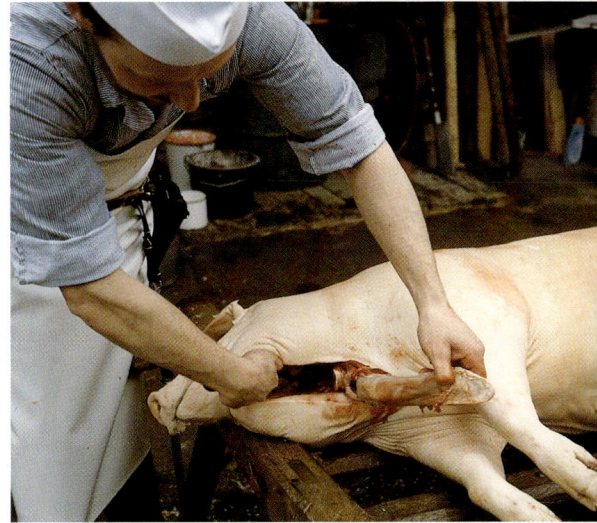

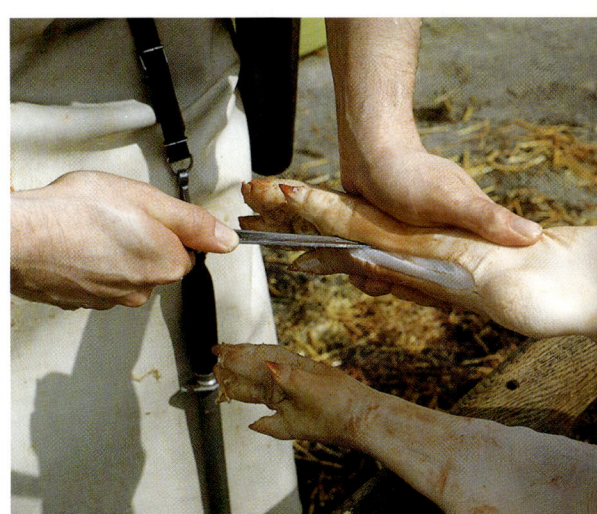

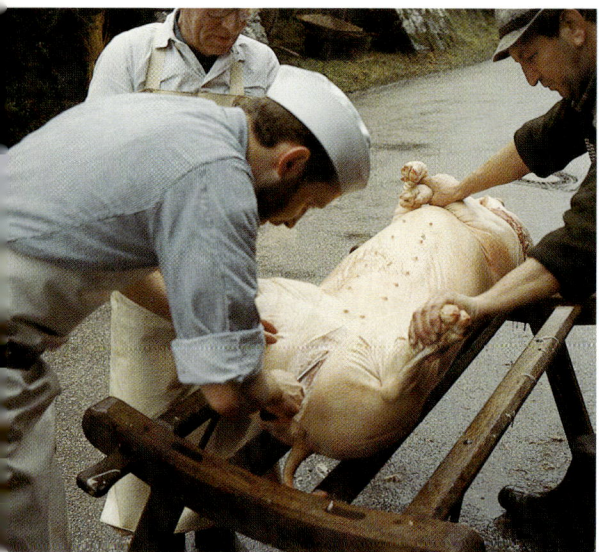

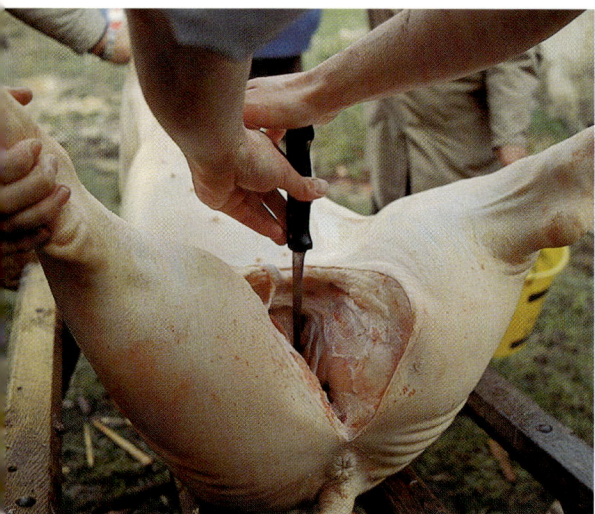

**Oben: Mittelschnitt zwischen den Schlegeln
Unten: Öffnen des Schlosses**

notfalls kann man sie zusammenbinden. Das aufgehängte Tier wird noch einmal sauber abgewaschen.

Ausweiden

Zunächst wird vom bereits geöffneten Schloss bis zur gelösten Zunge ein kräftiger Schnitt gezogen (bei einem Kastraten am Nabel vorbei). Danach schneidet man ggf. die Harnröhre mit Nabel heraus (bei männlichen Tieren). Anschließend wird der Bauchschnitt bis zum Brustbein so weit vertieft, dass man auf das Bauchfett (Schmer) kommt. Dabei auf keinen Fall in die Därme schneiden! Jetzt kann der Bauch mit der Hand vollständig aufgerissen werden. Danach wird die Harnblase und bei weiblichen Tieren die Gebärmutter abgetrennt, anschließend kann der bereits gelöste Mastdarm weiter entlang des Rückgrades (bis ca. in die Nierengegend) losgeschnitten werden, den Rest reißt man ab. Bei der Hausschlachtung sollte eine Person die Darmschüssel an das Schwein halten, damit der Metzger sofort nach dem Herausziehen der Därme und des Magens aus der Bauchhöhle die Innereien in die Schüssel legen kann. Der Schlund wird mit dem Messer durchgetrennt. Dabei sollten 10 cm am Magen bleiben, um den Magen vor dem Füllen abbinden zu können. Im Anschluss wird die Galle von der Leber gerissen, dabei ist Vorsicht angebracht, damit sie nicht platzt. Wenn das doch einmal passiert, muss man sofort alles gründlich abwaschen, da sonst ein bitterer Geschmack und unansehnliche Gelbfärbungen zurückbleiben. Zum Ausnehmen des Geschlinges ritzt man das Brustbein zunächst mit dem Messerrücken an, danach schneidet man es mit dem Messer durch (bei älteren Tieren muss gehackt werden). Anschließend wird das Zwerchfell zwischen der Haut und dem Fleisch an den Rippen durchtrennt. Das Herz ist in einem Beutel am linken Brustkorbteil angewachsen, auch dieses wird gelöst. Nun wird das Geschlinge mit der einen Hand aus der Brusthöhle gezogen, mit der anderen Hand wird entlang des Rückgrates bis zur

Aufhängen an den Galgen

bereits freigelegten Zunge nachgeschnitten.
Zunge, Herz, Lunge und Leber sind also an
einem Stück. Es ist darauf zu achten, dass der
„Zapfen" (das Fleischstückchen vom Zwerchfell am Rückgrat) am Schwein bleibt, denn
dieser wird zur Fleischbeschau benötigt. Jetzt
werden der Schlund und das Herz aufgeschnitten und alles wird mehrmals durchgewaschen. Das Geschlinge kann zur Beschau
an einem Haken aufgehängt werden. Die
Brusthöhle wird mit klarem Wasser ausge-
spült.

Ziehen des Bauchmittelschnittes

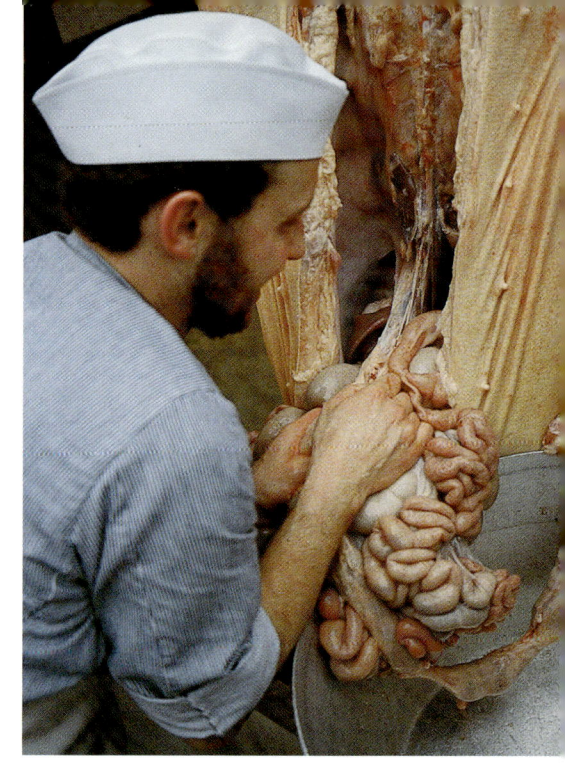

Linke Seite:
Links oben: Aufreißen der Bauchdecke mit der
Hand
Rechts oben: Ausweiden der Bauchhöhle
Links unten: Lösen der Gallenblase
Rechts unten: Ausweiden der Brusthöhle

Abspalten

Wenn das Schwein ausgeweidet ist, schneidet
man mit dem Messer vom Schwanz zum
Kopf, genau entlang der Mitte des Rückens.
Man darf dabei auf keinen Fall zu tief schneiden, da sonst Koteletts und Hals verletzt werden. Danach schneidet man an der Bauchseite
zwischen den beiden Lenden vor. Jetzt kann
das eigentliche Abspalten beginnen. Zunächst
wird der Buckel des Rückgrats angehackt.
Anschließend wird der Schwanz von der
Bauchseite aus gesehen an die rechte Seite
gehauen (so dass der Schwanz an der rechten
Körperhälfte bleibt).

Im Folgenden ist es wichtig, die Mitte des
Rückgrates einzuhalten, damit die Koteletts
beim Zerlegen nicht zersplittert werden. Mit
der Spitze des Spalters wird das Rückgrat
angespalten. Dann richtet man sich nach den
Wirbel- bzw. Dornfortsätzen, so dass diese in
der Mitte durchtrennt werden. Wurde der
Mittelschnitt am Rückenspeck genau gezogen,
so trifft man auf diesen. Am Kopf wird zunächst der Unterkiefer durchgehackt, danach
wird vorsichtig das Genick angespalten. Hier
kann ein kräftiger falscher Schlag am Anfang
zum „Verhacken" des Kopfes führen. Erst
wenn man sich sicher ist, dass die Richtung
stimmt, folgt ein kräftiger Schlag, und der
Kopf ist entzwei.

Nun noch einige Tipps für Anfänger, über
die der Meister vielleicht lacht. Wer das Spalten mit dem Spalter nicht einigermaßen be-

Oben: Abspalten in zwei Hälften
Unten: Lösen des Schmers (Bauchfett)

herrscht, sollte zunächst bei den Koteletts zur Knochensäge greifen. Ein sauber gesägtes Schwein ist immer noch ansehnlicher als ein zerhacktes. Am Anfang sollte man beim Spalten des Kopfes außerdem ein Brett auf den Boden legen, damit man nicht in den Boden hackt. Die Spalterspitze wird dadurch stumpf.

Fleischbeschau

Nach dem Spalten des Tieres wird der Schmer (Bauchfett) vom Bauch gelöst, indem er einfach mit den Händen nach oben gerissen wird. Wenn auch die Nieren aus dem Nie-

renfett geschnitten sind, ist das Schwein fertig zur Fleisch- und Trichinenschau. Diese darf nur von einem Tierarzt oder einem amtlich zugelassenen Fleischbeschauer vorgenommen werden. Vor der Fleischbeschau darf das Tier nicht weiter zerlegt und kein Fleisch weiterverarbeitet werden. Diese gesetzlichen Regelungen sollen den Verbraucher schützen.

Wenn der Fleischbeschauer kommt, sollten ein Messer, warmes Wasser, Seife und Handtuch griffbereit sein, damit er seine Arbeit rasch abschließen kann. Besonders im Winter haben die Fleischbeschauer einen vollen Terminkalender, man sollte auch im Interesse der anderen Schlachter für einen raschen Ablauf sorgen.

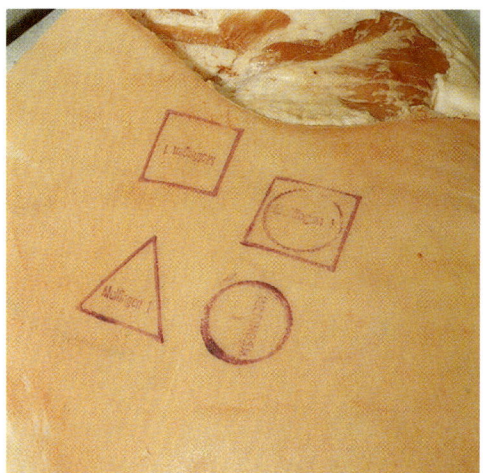

Fleischbeschaustempel.
**Oben: bedingt tauglich und minderwertig
Unten: untauglich und tauglich**

Zunächst wird das Äußere des Tieres (Haut) überprüft, danach kommen die Knochen und die inneren Organe (Leber, Milz, Nieren) an die Reihe. Veränderungen an diesen Organen sind oft krankheitsbedingt. Danach werden die Lymphknoten abgetastet bzw. angeschnitten, sie befinden sich am Nicker und an den Backen. Jedes Schwein wird auf Finnen untersucht. Dieser Schmarotzer setzt sich gern an der Zunge, an den Kaumuskeln oder am Kehlkopf, aber auch an Herz oder Zwerchfell fest. Fleisch, das schwach von Finnen befallen ist, ist bedingt tauglich. Durch Einfrieren der Schlachtkörper über eine Mindestzeit bei einer Mindesttemperatur wird das Fleisch tauglich. Schweine werden außerdem auf Trichinen untersucht. Diese Untersuchung kann nur unter Mikroskop erfolgen, da diese Schmarotzer für das menschliche Auge nicht sichtbar sind. Dazu wird der bereits erwähnte „Zapfen" am Rückgrat benötigt. Ist die Fleischbeschau ohne Beanstandung verlaufen, wird das geschlachtete Tier mit dem „runden Stempel" versehen.

Anschließend sollte sofort das Wurstfleisch in den Kessel zum Kochen und mit dem Speck schneiden angefangen werden. Der Metzger beginnt mit dem Reinigen der Därme.

Abschneiden und Abschwarten des Rückenspecks

Wenn das Schwein gespalten ist, wird bei jeder Hälfte der Rückenspeck an Kotelettstrang und Hals mit einem nicht zu tiefen Schnitt abgegrenzt. Der Speck wird dabei so breit abgeschnitten, dass Kotelettstrang und Hals frei von Speck und Schwarte sind. Der Speck wird nun mit dem Messer gelöst, indem man von beiden Seiten vom Schlegel bis zum Hals zwischen Fleisch und Speck schneidet. Diese Arbeit kann man sich erleichtern, wenn man mit dem Daumen der linken Hand hinter dem Messer (das mit der rechten Hand geführt wird) herzieht und dabei den Speck vom Rücken abdrückt. Beim Abspecken ist wichtig, nicht ins Fleisch zu schneiden. Man sollte besser etwas Speck auf dem Fleisch lassen, er kann beim Zerlegen immer noch abgeschnitten werden. Ist der Speck von beiden Seiten gelöst, muss man ihn nur noch in der Mitte durchschneiden.

Anschließend wird der Rückenspeck abgeschwartet, die Schwarte wird vom Speck abgezogen. Diese Arbeit erfordert Erfahrung, sie wird erleichtert, wenn der Speck noch warm ist. Anfänger sollten den Speck in 5–10 cm breite Längsstreifen schneiden.

Zum Abschwarten legt man den Speckstreifen an eine Tischkante und hält ihn mit einer Hand fest, die andere Hand speckt ab. Die Messerführung darf dabei nicht zu steil sein, da sonst die Schwarte durchgeschnitten wird, aber auch nicht zu flach, da sonst der

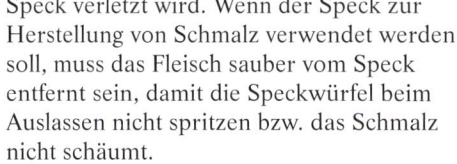

Abtrennen des bereits von beiden Seiten gelösten Rückenspecks

Abschwarten des Rückenspecks

Speck verletzt wird. Wenn der Speck zur Herstellung von Schmalz verwendet werden soll, muss das Fleisch sauber vom Speck entfernt sein, damit die Speckwürfel beim Auslassen nicht spritzen bzw. das Schmalz nicht schäumt.

Reinigen der Schweinsdärme

Därme reinigen ist ein heikles Thema. Der Darm muss vom Nicker (Darmfett) zunächst gelöst, anschließend ausgeleert, umgedreht und gereinigt werden. Das ist sehr mühsam, erfordert Fingerspitzengefühl, Geduld und Erfahrung. Es lohnt sich aber, das Darm reinigen zu erlernen, denn Därme sind im Fachhandel nicht gerade billig. Ich werde viele Hinweise für Anfänger geben. Sollte es am Anfang nicht klappen; auf keinen Fall

einen verschmutzten Darm weiterverarbeiten. Für den Anfang wäre es eine gute Idee, sich im Schlachthof einige „Schläge" Därme zum Üben zu holen. Ungereinigt kosten sie nichts oder nur ein paar Cents. Doch nun an die Arbeit!

Das Lösen der Därme vom Nicker

Därme sollten immer warm gelöst werden, deshalb sollte man die Darmschüssel sofort nach dem Ausweiden in einen warmen Raum (Zimmertemperatur) stellen. Die Därme müssen aber in jedem Fall so schnell wie möglich weiterverarbeitet werden. Zunächst werden die Därme auf einem Tisch ausgebreitet. Als Erstes wird der Magen gelöst. Dazu kann man das Magennetz mit der Hand abreißen. Danach wird der Magen mit einem Messer vorsichtig bis zum Dünndarm vom Darmfett

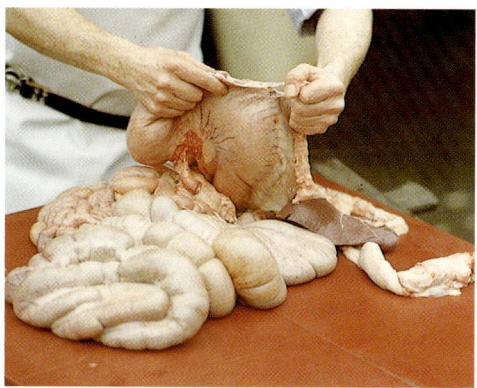

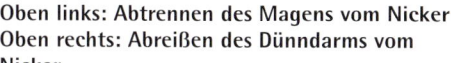

Oben links: Abtrennen des Magens vom Nicker
Oben rechts: Abreißen des Dünndarms vom
Nicker
Mitte: Lösen des Dickdarms
Unten: Abreißen des Dickdarms vom Nicker

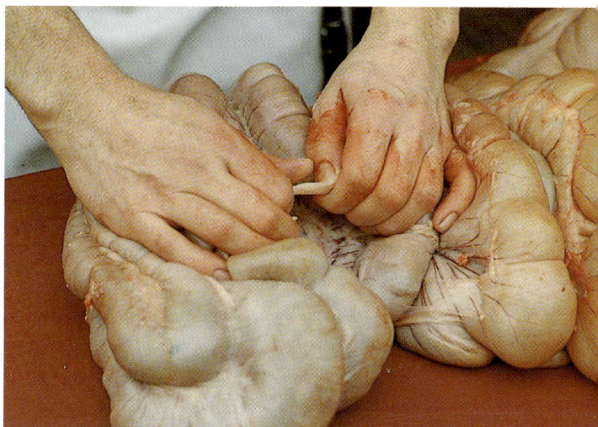

getrennt. Bevor man den Dünndarm ab-
schneidet, wird er vorsichtig von Hand ca.
20 cm gelöst. Anschließend wird der Dreck
zurückgestreift und der Darm wird 5 cm nach
dem Magen abgeschnitten. Der Darm wird
verknotet, damit kein Dreck herausläuft. Nun
wird der Lochdarm (Dickdarm vom After
her) vom Buttdarm mit der Hand gelöst, da
zwischen diesen beiden Därmen der Dünndarm verläuft. So kann mit dem Herunterreißen des Dünndarms begonnen werden.

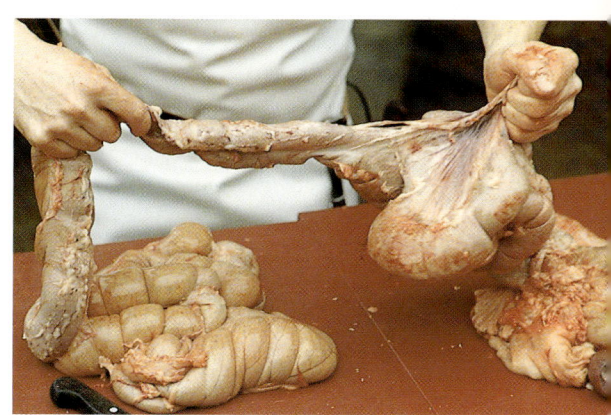

   Meistens geht das sehr gut. Mit der linken
Hand wird das Darmfett gehalten, mit der
rechten Hand wird der Darm immer ca.
20 cm gerissen. Dann wird immer wieder
nachgefasst, bis die Butte erreicht ist. Dort
wird der Dreck des Dünndarms wieder genauso zurückgestreift und der Darm verknotet wie an der Magenseite; hier lässt man
jedoch ca. 15 cm Darm an der Butte. Sollte
das Abreißen einmal schlecht oder gar nicht
gehen, so kann man die Därme über die
Tischkante legen (notfalls kann ein Helfer fest
halten), mit der linken Hand den Darm leicht

anziehen und mit der rechten Hand mit dem Messer herunterschneiden. Dabei ca. 0,5 cm Fett am Dünndarm lassen. Nun wird der Dickdarm vom Nicker gelöst. Am Dickdarm sind die Außenwände jeweils durch eine dünne Fettschicht miteinander verwachsen. Diese Verwachsungen werden zunächst auf einer Seite losgerissen. Danach wird die Unterseite der Därme nach oben gedreht und der Rest kann gelöst werden. Jetzt hängen die Därme nur noch an der Innenseite zusammen. Sie müssen möglichst so heruntergerissen werden, dass kaum Fett am Darm bleibt. Vor allem für die Rohwurstherstellung ist das wichtig, da Rohwurst durch Darmfett leicht ranzig wird. Auf keinen Fall dürfen dünne Stellen oder Löcher entstehen, da der Darm sonst unbrauchbar wird. Die weitere Verarbeitung der Därme erfolgt bei der Hausschlachtung gewöhnlich im Freien am Schragen. Dort können Schüsseln und Eimer problemlos abgestellt und aufrecht gearbeitet werden. Die Därme werden in eine ausreichend große Schüssel (ca. 40 l) gelegt, die zu etwa zwei Dritteln mit handwarmem Wasser gefüllt ist. Die Enden der Därme müssen aber über

den Schüsselrand hängen, damit der Darminhalt nicht in die Schüssel läuft. Das Wasser darf nie zu stark abkühlen, sonst gehen die Därme schlecht und reißen leicht ab. Deshalb sollte immer genügend heißes Wasser bereitstehen. Andererseits darf man die Därme auch nicht verbrühen, da sie sonst brüchig werden. Zusätzlich benötigt man einen halben Eimer warmes Wasser zum Händewaschen und zum Auswaschen der gewendeten Därme. Solange in der Darmschüssel Magen und Dickdärme ungewendet liegen, darf auf keinen Fall Dreck hineingeraten, da dieser sich sofort mit dem Fett verbindet.

Das Reinigen des Magens
Der Magen wird zunächst aus dem Wasser genommen, Schlund und Magenausgang werden gut ausgestreift. Nun wird ein Loch von 6–8 cm in die dem Magenausgang gegenüberliegende Seite geschnitten. Jetzt kann der Mageninhalt mühelos in den dafür vorgesehenen Eimer gedrückt werden. Ist der Magen leer, wird er gewendet, indem er in sich hineingedrückt wird. Dabei muss darauf geachtet werden, dass kein Dreck hineingerät. Danach werden Schlund und Magenausgang herausgedrückt. Der Magen wird im Darmeimer abgewaschen und mit einem Löffel wird die gelbe Schicht abgekratzt.

Das Reinigen des Dickdarms
Zunächst wird der Darm 60–80 cm von der Butte her abgerissen, die Enden werden über den Schüsselrand gehängt. Nun wird das Darmstück mit der Butte geleert. Dazu drückt bzw. streift man den Dreck von der Butte zur Öffnung. Zum Schluss wird der Darm aus der Schüssel genommen und der Darminhalt in den Dreckeimer gestreift. Ist der Dreck zu fest, wird er mit Wasser eingeweicht. Ist der

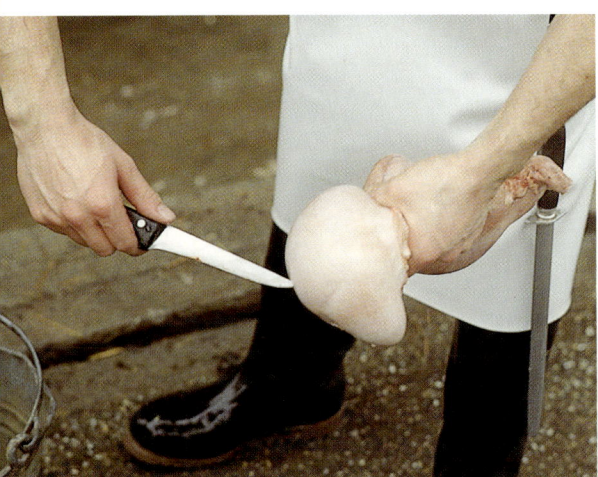

Öffnen und Leeren des Magens

Links oben: Füllen des Dickdarms mit Wasser
Links unten: Einweichen des Dickdarms, das
Ende ist am Schüsselrand sichtbar
Rechts oben: Ausstreifen des Drecks aus dem
Dickdarm
Rechts unten: Füllen des Dickdarms mit Luft

chen, immer über den Schüsselrand hängen. Ist der Darm leer, wird der After abgeschnitten. Der Darm wird an der weiten Seite noch einmal mit Wasser gefüllt, dann wird kräftig hineingeblasen und sofort zugedrückt, damit die Luft nicht entweichen kann. Nun wird der Darm ebenfalls wieder nach innen gewendet. Er läuft jetzt allein, es muss nur noch nachgefasst werden. Bevor der Darminhalt am anderen Ende herauszulaufen beginnt, muss das Ganze wieder aus der Schüssel. Und schon läuft die Dreckseite des Darmes auf den Boden! Anfänger sollten den Darm nicht unbedingt in einem Stück drehen, sondern besser einmal abreißen und nur den Darm, der gerade bearbeitet wird, in die Darmschüssel legen. Denn: platzt ein Stück, sind nicht gleich alle Därme verdorben, der Rest kann noch verwendet werden. Man muss aber in diesem Fall noch einmal sauberes Wasser bereitstellen.

Das Reinigen des Dünndarms

Der Dünndarm wird am Schluss gereinigt, da er nicht schmutzempfindlich ist. Wird er verschmutzt, kann man ihn beim Schleimen wieder säubern. Beide Darmenden hängen verknotet über den Schüsselrand. Diese Knoten werden zunächst gelöst und die Mitte des Darmes wird gesucht. Von dort aus wird der Dreck auf einmal aus beiden Darmhälften ausgestreift. Sollte es für ein Durchstreifen zu viel Dreck sein, so wird von den Öffnungen her einige Male gearbeitet. Ist der Darm leer, muss er noch geschleimt werden, der „Bändel" wird dadurch entfernt. Dabei wird der Darm zunächst kräftig mit Wasser gefüllt und mit der linken Hand gehalten; mit der rechten Hand wird der Darm geschleimt. Dabei läuft er über den Daumen, mit dem Zeigefinger wird ein Löffel auf den Darm und natürlich auf den Daumen gedrückt. Stück für Stück wird das solange wiederholt, bis der jeweilige Abschnitt sauber ist. Dabei wird bei jedem

Wenden des Dickdarms: der Darm läuft in sich durch

Darm leer, wird dieser von der Butte aus nach innen gewendet, indem laufend der Darm nachgeschoben bzw. hinuntergestreift wird. Wenn das Darminnere sichtbar ist, wird es auf den Boden gelegt und mit dem Fuß daraufgetreten. Dabei wird der Rest des Darmes nach oben gezogen, schon ist dieser Teil gedreht! Danach geht es mit dem restlichen Dickdarm weiter und zwar an der Seite, an der er abgerissen wurde, denn dort ist er weiter. Man arbeitet immer in der gleichen Reihenfolge, bis der Darm leer ist. Zuerst den Dreck ausstreifen, dann den Darm mit Wasser füllen, den Dreck aufweichen und in den Eimer laufen lassen. Das Ende muss, außer beim Füllen mit Wasser zum Dreckaufwei-

Schleimen des Dünndarms mit dem Löffel

Drehen des Dünndarms mit dem Trichter

Abschnitt anfangs leicht und dann immer kräftiger gedrückt, aber nicht zu stark, da der Darm sonst reißt. Mit der linken Hand wird immer wieder nachgefasst und der Arbeitsvorgang beginnt von neuem. Man kann sehr einfach kontrollieren, ob der Darm sauber ist: man bläst in den Darm, er muss blendend weiß aussehen.

Sollte der Darm trotz aller Bemühungen ständig abreißen, so wird er gedreht. Dazu nimmt man einen engen Wursttrichter, zieht den Darm durch und den Anfang des Darms über den Stutzen. Jetzt hält man den Trichter mit der rechten Hand fest. Mit der linken Hand wird die Schüssel so weit gekippt, dass der Darm aus der Schüssel läuft; dabei wird der Trichter unter die Schüssel gehalten und

der Darm dreht sich dabei von selbst. Das Schleimen geht dann etwas leichter, bei dieser Methode wird kein Wasser in den Darm gefüllt. Die Arbeit kann durch handbetriebene oder elektrische Darmreinigungsmaschinen erleichtert werden. Dabei läuft der Darm durch Walzenpaare und der Bändel wird gelöst. Dennoch muss von Hand nachgeschleimt werden.

Das Nachbehandeln der Därme

Alle Därme werden in sauberem Wasser noch einmal kräftig durchgewaschen. Die Enden der Dickdärme sind oft verschmutzt, sie werden abgeschnitten. Durch Umstülpen des Darms kann man die Sauberkeit kontrollieren. Gewöhnlich sind an den Enden 5–8 cm

verschmutzt, zum Wursten darf man diese Teile auf keinen Fall verwenden. Auch der Magen muss an den Innenseiten nochmals auf Sauberkeit kontrolliert und ggf. nachbehandelt werden. Die Dünndärme brauchen keine Nachbehandlung. Die Dickdärme werden noch einmal abgestrichen und in einem saubereren Eimer aufbewahrt. Die weitere Verarbeitung der Därme wird im Kapitel „Wursten" beschrieben.

Schlachtfest

Ein Schlachtfest gehört natürlich zu jeder Hausschlachtung. Wenn die bisher beschriebenen Arbeiten erledigt sind, ist gewöhnlich das Kesselfleisch gar, das nach dem Kochen

Schlachtfest

ganz frisch gegessen werden sollte. Das Kesselfleisch, auch das für die Kochwurst benötigte, kommt am besten sofort nach der Fleischbeschau noch schlachtwarm in den Kessel. Bei jedem Abkühlen und Wiederaufwärmen verschlechtert sich die Qualität des Fleisches.

Man hat jetzt viel Arbeit hinter sich, zuletzt das Reinigen der Därme und das Speckschneiden. An dieser Stelle sollte man sich eine ordentliche Pause gönnen.

Als Kesselfleisch sehr beliebt sind Kopffleisch, Nieren, Herz und weiße Leber (die Drüsen am Nicker und an den Schweinebacken), also vor allem mageres Fleisch. Wenn

Arbeitsplan für eine Schweinehausschlachtung			
	Metzger	**Helfer**	**Kessel**
1. Stunde	Tötung des Tieres Helfer anleiten Schwein brühen, hären, ausweiden und spalten Wurstfleisch heraus- schneiden	Kessel feuern (kochendes Wasser zum Brühen) nach Anleitung des Metzgers beim Brühen und Hären helfen	bei Beginn des Schlachtens mit kochendem Wasser gefüllt nach Wasserentnahme beim Brühen sofort säubern und halb füllen gut feuern, damit rasch das Wasser für das Wurstfleisch kocht
Fleischbeschau 2. Stunde	Speck abschwarten Därme lösen, reinigen und abbinden an der Leber die Gallengänge heraus- schneiden und ggf. maximal fünf Minuten brühen	Fleisch für die Koch- wurst sauber waschen nach der Fleisch- beschau Fleisch in den Kessel geben und ca. eine Stunde garen (Garzeit hängt vom Alter des Tieres und vom jeweiligen Fleisch- stück ab) Speck schneiden, Speck zu Schmalz aus- kochen	Fleisch für die Koch- wurst und Schwarte kochen (Schwarte sollte man in ein Netz stecken)
Schlachtfest 3., 4. und weitere Stunden	Fleisch für die Koch- wurstherstellung ein- teilen Herstellung der Leber-, Blut- und Presswürste	Fleisch wolfen bzw. nach Anleitung zu Würfeln schneiden Wurst abbinden Fett vom Kessel ab- schöpfen, damit die Wurst nicht platzt, wenn alle Darmwürste gefüllt sind, diese im Kessel garen	Gartemperatur für Wurst im Naturdarm 80 – 85 °C, im Kunst- darm 78 °C auf konstante Tempe- ratur achten

60

man viele Gäste zu verköstigen hat und außerdem noch Kochwurst herstellen will, so muss man schon beim Abschneiden des Fleisches für den Kessel vorausplanen. Damit das Fleisch für Gäste und Wurst ausreicht, kann man auch zusätzlich ein mageres Bauchstück, die Spitzen vom Hals, die Brustspitzen oder die vorderen Eisbeine kochen, all das ist hervorragendes Kesselfleisch. Genügend Beilagen und Getränke sollten natürlich auch bereitstehen. Als Beilagen bieten sich an: Saucrkraut, Gurkcn, Rotc Bcctc, Zwicbeln und selbstverständlich Brot. Passende Getränke sind vergorener Most oder auch ein zünftiges Bier.

Einige Worte zur Mahlzeit nach der Hausschlachtung (Schlachten und Warmwursten). Früher waren warme Leber- und Blutwürste mit Kartoffelsalat sehr beliebt, was allerdings für die Hausfrauen, die an diesem Tag ohnehin viel zu tun haben, eine zusätzliche Belastung war. Auch weil alle Helfer den ganzen Tag Fleisch und Wurst gesehen, sich mit Kesselfleisch satt gegessen und Wurstteig abgeschmeckt haben, ist es vielleicht keine schlechte Idee, sich nach dem Schlachten bei Kaffee und Kuchen zusammenzusetzen. Nach dem Schlachttag tut ein wenig Abstand zum Schwein ja vielleicht gut.

Es ist in manchen Regionen üblich, nach dem Schlachten und Vorbereiten der Därme das Schwein zunächst zu zerlegen und Bratwurst herzustellen. In diesem Fall müsste der Arbeitsplan dementsprechend verändert werden. Wenn das Schwein einen oder besser noch zwei Tage auskühlt, ist beim Zerlegen eine saubere Schnittführung gewährleistet. Bei sofortigem Zerlegen wird alle Arbeit in einer Anstrengung getan (Dosen kochen, Spülen usw.).

Das Schlachten von Rindern (Großvieh)

In der Hausmetzgerei hat das Schlachten von Rindern an Bedeutung verloren, da die Haushalte kleiner geworden sind und bei einem Rind große Mengen Fleisch anfallen. In Selbstvermarktungsbetrieben hingegen hat das Rinderschlachten seine Bedeutung. Gut möglich ist auch, dass sich einige Familien zusammenschließen und gemeinsam schlachten. Wenn auf jede Familie ein Viertel entfällt, kann dieses leicht bei einer Schweineschlachtung mitverarbeitet werden. Die Ausrüstung ist beim Schlachten eines Schweines und eines Rindes die gleiche. Allerdings ist beim Großviehschlachten heute ein Frontlader oder ein Aufzug ein gebräuchliches Hilfsmittel.

Betäubung und Blutentziehung

Aus Sicherheitsgründen ist dabei zu empfehlen, das Rind an einem gut befestigten Ring am Boden anzubinden. Der Einschusspunkt liegt genau zwischen Augen und Hörnern. Liegt das Rind am Boden, wird der Rückenmarkzerstörer in den Schusskanal eingeführt und hin- und herbewegt. Dadurch wird das Nervensystem zerstört und das Tier liegt zur Blutentziehung relativ ruhig. Statt dieser rostfreien Stahlrute kann bei einer Hausschlachtung auch eine Weide verwendet werden. Bei der Tötung ist Vorsicht angebracht, denn ein Rind hat entschieden mehr Kraft als ein Schwein, es kann leicht zu Unfällen kommen.

Als das Rinderblut noch zur Wurstherstellung benötigt wurde, nahm man die Blutentziehung durch einen Bruststich vor. Heute ist es üblich, den Kopf abzuschneiden. Die Schnittführung ist so, dass die Ohren noch am Kopf bleiben. Man schneidet so rasch wie möglich vor bis auf die Halswirbel, dann

schießt das Blut aus dem Schlachtkörper. Lässt das Bluten nach, wird das Genick durchtrennt und der Kopf kann mühelos abgetrennt werden. Es ist nun zu empfehlen, das Rind mit dem Frontlader oder Aufzug an den Hinterbeinen ca. 1 m anzuheben. Auf diese Weise kann das Restblut abfließen.

Am Kopf werden die Hörner abgehackt oder abgesägt, dann wird die Kopfhaut abgezogen. Diese schneidet man an der Unterseite des Kopfes auf und trennt sie ab. Die Augen werden ausgestochen und die Zunge gelöst, der Kopf wird gut gewaschen. Es ist vorteilhaft, mit einem Wasserschlauch in die Nasenlöcher zu spritzen, damit der Mageninhalt, der sich bei der Tötung oft ansammelt, herausgespült wird. Der Kopf wird nun (mit der Zunge am Unterkiefer) an einem Haken zur Beschau aufgehängt. Bei einer Hausschlachtung stellt man dazu am besten eine Leiter schräg an eine Wand, an der diese Teile aufgehängt werden können.

Abhäuten im Liegen

Zum Abhäuten wird das Rind auf den Rücken gelegt. Es ist zu empfehlen, einen Rahmen an-

Abhäuten mit dem Messer

zufertigen, auf den das Rind gelegt wird, damit es nicht umkippt. Man nimmt dazu zwei Holzstangen mit einer Stärke von ca. 15 cm, schneidet diese auf eine Länge von ca. 1,5 m und schraubt sie parallel im Abstand von ca. 30–40 cm auf zwei Kanthölzer. Diese werden so abgesägt, dass sie mit den Außenkanten der Stangen bündig abschließen.

Nun werden die Unterfüße abgetrennt. Die Vorderfüße lassen sich leicht mit dem Messer im Gelenk abschneiden. Die Hinterfüße werden oft mit dem Spalter abgehauen. Jetzt werden an jeder Seite des Rindes Vorder- und Hinterfuß mit einem Haken zusammengehängt, dazu wird jeweils ein kleines Loch in die Haut gestochen. Die Abhäutearbeiten werden dadurch erleichtert.

Die Haut wird zunächst vom Hals bis zum After auf der Bauchseite aufgeschlitzt. Bei männlichen Tieren wird der Hodensack in der Mitte aufgetrennt, die Hoden werden sofort entfernt, der Penis wird ebenfalls sofort herausgeschnitten. Bei weiblichen Tieren werden die Zitzen abgeschnitten, damit die Milch

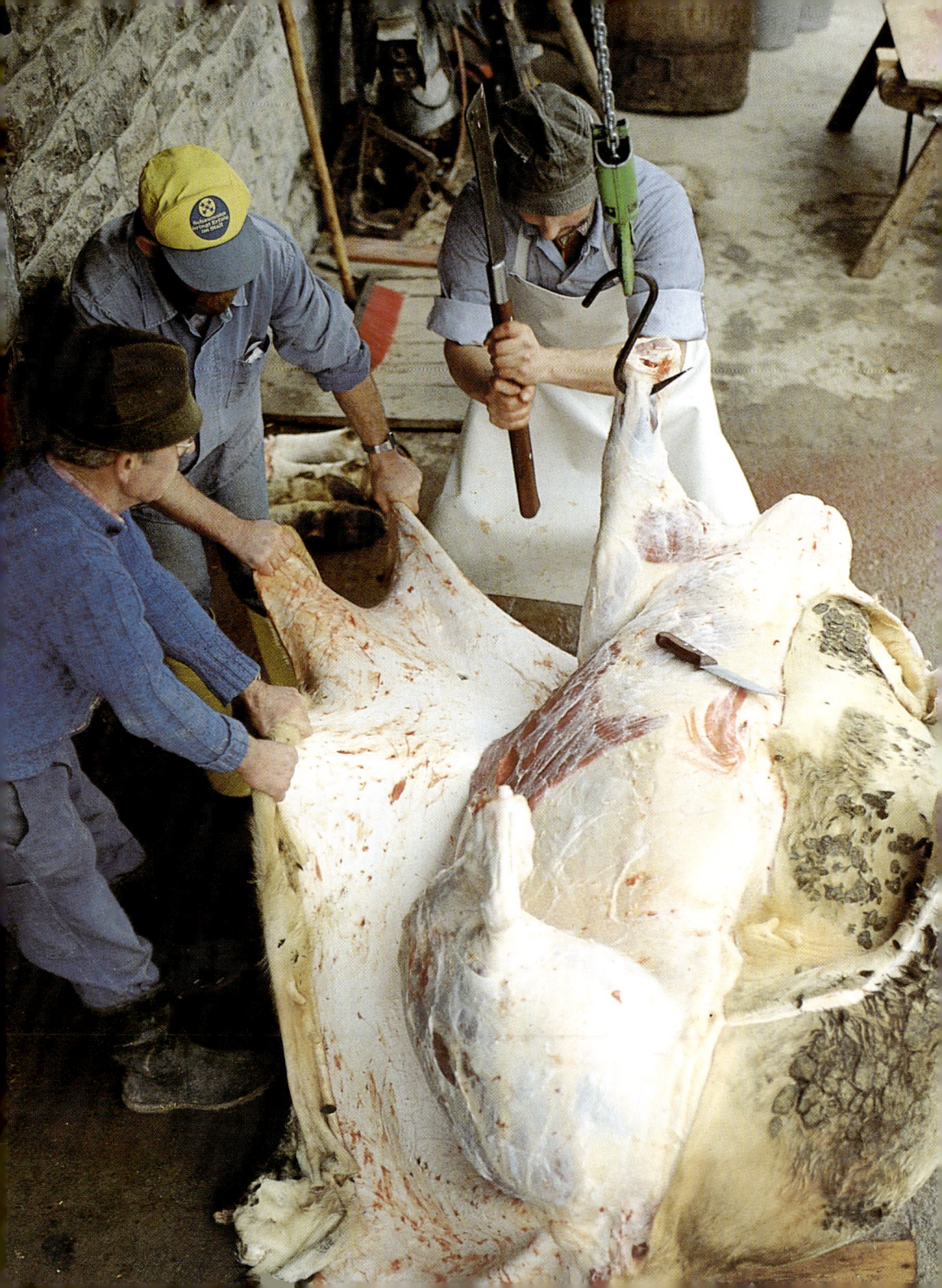

aus dem Euter abfließen kann. Danach wird die Haut an den Vorderfüßen bzw. Schultern aufgetrennt. Der Schnitt verläuft von der Vorderseite des Fußes bis zum Brustkern. Am Hinterfuß schneidet man von der Hinterseite des Fußes bis eine Handbreite hinter die Euter- bzw. Sackgegend. Die Schnitte enden jeweils am Mittelschnitt.

Das Hautschaffen, so wird das Abhäuten vom Fachmann genannt, hat einige Grundregeln: die Haut muss ohne Löcher sein und soll an der Fleischseite möglichst wenig Kratzer vom Messer haben. In der Fachsprache nennt man diese Kratzer Gerben. Das Fett soll am Fleisch bleiben, also nicht an der Haut hängen, das Fleisch sollte möglichst wenig verletzt und nicht beschmutzt werden. Eine gute Hilfe beim Hautschaffen ist ein Eimer warmes, sauberes Wasser, in dem man die Hände ab und zu reinigen kann.

Jetzt beginnt das Hautschaffen. Es gibt sicher mehrere Möglichkeiten, in welcher Reihenfolge dabei vorgegangen wird. Zunächst wird die Haut an der Innenseite des Vorderfußes abgetrennt. Dabei wird immer mit einer Hand die Haut weggezogen, die andere Hand schneidet mit dem Messer. Anschließend wird die Haut am Hals bis in den Schulterbereich geschafft. Jetzt wird die Innenseite des Hinterfußes freigelegt. Anschließend wird die Haut am Bauch zwischen den Hinterfüßen nach vorn geschafft. Die Hinter- und die Vorderfüße dürfen nur so weit freigelegt werden, dass die Haken noch Spannung haben. Anschließend wird die Keule freigelegt. Jetzt werden die Füße weiter abgehäutet, die Haken können beiseite gelegt werden. Danach wird die Bauch-/Rippengegend bearbeitet. Zunächst geht das recht gut, die Haut liegt jedoch in diesem Bereich sehr stark am Fleisch

an. Gewöhnlich wird dieser Teil mit dem Hautmesser geschafft. Dazu zieht man die Haut mit einer Hand kräftig nach oben. Wer weniger Übung hat, sollte die Haut hier abklopfen. Eine Person zieht dazu die Haut kräftig nach außen an, eine andere klopft die Haut mit dem Spalterrücken ab, dabei kann jeweils ein Bein mit dem Aufzug leicht angezogen werden. Soweit es möglich ist, sollte die Haut an allen Seiten am liegenden Tier geschafft werden.

Spalten der Brust und des Schlosses

Brust und Schloss werden beim Großvieh in der Regel im Liegen geöffnet. Zunächst wird am Brustkern mit dem Messer das Fettpolster durchtrennt, anschließend spaltet man den Brustkern von vorn nach unten. Danach wird die Brust in Richtung der Bauchhöhle mit dem Spalter möglichst vorsichtig aufgehauen, damit die Mägen nicht verletzt werden. Dann wird der Hals aufgeschnitten und der Schlund freigelegt.

Linke Seite: Abklopfen der Haut beim Großvieh
Rechts: Aufschlossen im Liegen

Beim Aufschlossen wird zunächst mit dem Messer genau zwischen den beiden Schlegeln bis auf den Schlossknochen vorgeschnitten. Anschließend wird von der Schlossgegend her die Bauchhöhle ca. 50 cm geöffnet. Es muss sehr vorsichtig gearbeitet werden, damit die Därme nicht verletzt werden. Die Därme quellen hervor. Diese werden solange herausgezogen und auf dem Fleisch bzw. der Fleischseite der Haut abgelegt, bis das Schloss freiliegt. Dann wird das Schloss vorsichtig aufgespalten und der Mastdarm von allen Seiten gelöst. Die Därme kommen anschließend wieder in die Bauchhöhle.

Das Tier wird nun an den beiden Hinterfüßen mit je einem Haken aufgehängt. Die Schlegel müssen dabei so weit wie möglich gespreizt sein, das erleichtert die Ausweide- und Spaltarbeiten. Beim Hausschlachten hat es sich bewährt, eine Ackerschiene vom Schlepper am Frontlader zu befestigen und die Haken möglichst weit außen anzubringen. Das Rind wird so weit hochgezogen, dass in der Schwanzgegend bequem gearbeitet werden kann.

Abhäuten im Hängen

Zunächst wird die Haut am Schwanz der Länge nach aufgetrennt. Dann wird der Schwanz von allen Seiten freigelegt, das heißt die Schlegel werden abgezogen und unter der Schwanzwurzel wird von beiden Seiten durchgeschafft. Wenn man unter dem Schwanz zwischen Haut und Fleisch durchfassen kann, wird der Schwanz durch Herunterreißen der Haut herausgezogen und die Quaste abgeschnitten, sie bleibt an der Haut. Nun wird die Haut über der Schoß-Hochrippengegend bis zum Hals geschafft. Dazu wird mehrmals das Tier mit dem Frontlader hochgezogen.

Wenn das Tier ganz abgehäutet ist, wird die Haut mit der Haarseite auf dem Boden ausgebreitet und die Fleischseite mit Viehsalz eingesalzen. Dabei ist wichtig, dass alle Stellen eingesalzen werden. Dann wird die Haut zusammengelegt. Dabei werden zunächst die Füße und der Schwanz eingeschlagen, dann wird die Haut der Länge nach übereinandergezogen, so dass die Fleischseite aufeinander liegt. Jetzt wird die Haut zusammengerollt, mit einer kräftigen Schnur zusammengeschnürt und beim Schlachthof oder beim Fellhändler abgeliefert. Bei Häuten schwanken die Preise je nach Angebot und Nachfrage, außerdem werden Unterschiede nach Alter (Kalb, Fresser, Rind) bzw. Rasse gemacht.

Ausweiden

Beim Hausschlachten legt man zum Ausweiden eine gründlich gereinigte Holzplatte (z. B. eine alte Tischplatte) auf den Schragen. Der Schragen mit der Platte wird vor das Rind gestellt und die Vorderfüße werden daraufgelegt. Nun wäscht man die Stiefel sehr sauber ab und stellt sich auf die Platte. Zunächst wird die Bauchhöhle bis zum Brustbein aufgeschnitten. Die Därme und die Mägen quellen teilweise hervor. Zunächst wird die Blase, bei weiblichen Tieren auch die Gebärmutter, herausgeschnitten. Anschließend wird der bereits am After gelöste Mastdarm bis in die Nierengegend am Rücken gelöst. Dann greift man mit der linken Hand an der linken Seite unter die Mägen und holt sie aus der Bauchhöhle heraus, die rechte Hand zieht gleichzeitig die Leber heraus. Man muss dabei rasch arbeiten, damit sie nicht zerreißt. Der Schlund wird nun so abgeschnitten, dass ein Stück von ca. 20 cm am Pansen bleibt. Jetzt trägt man zunächst den Schragen mit den Eingeweiden beiseite, dann wird die Galle entfernt, die Leber und die Milz werden von den Mägen abgetrennt und mit einem Haken zur Beschau aufgehängt. Jetzt schneidet man die

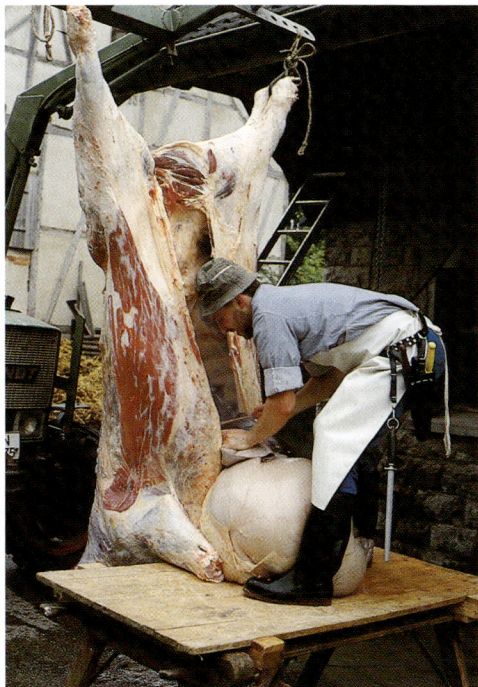

Ausweiden der Bauchhöhle auf dem Schlachtschragen mit Brett

Nieren aus den Fettnieren und hängt sie ebenfalls zur Beschau auf.

Nun wird das Zwerchfell an der dünnen Stelle ringsum aufgeschnitten, anschließend wird der Herzbeutel am Brustkern gelöst. Danach wird das Geräusch entlang des Rückgrats gelöst und dabei aus der Brusthöhle gezogen, der Schlund wird der Länge nach aufgeschnitten. Das Sterz wird ebenfalls geöffnet und das Geräusch wird sauber durchgewaschen und zur Beschau aufgehängt, die Brusthöhle wird ebenfalls gut ausgewaschen. In der Bauchhöhle wird das Nierenfett herausgeschnitten. Dieses Fett, auch Talg genannt, wurde früher ausgelassen und z. B. zum Abdichten von Holzfässern verwendet.

Man kann es auch zur Vogelfütterung im Winter benutzen, darf dann aber auf keinen Fall Salz hinzugeben.

Abspalten

Zum Abspalten wird das Rind so weit wie möglich am Frontlader heruntergelassen. Schlachtet man ein großes Rind (z. B. Bullen), so ist zu empfehlen, eine saubere Plastikdecke unter den Hals zu legen und das Rind darauf aufzusetzen, so kann man bequemer spalten. Als Erstes wird der Schwanz abgeschnitten und mit dem Messer an der Bauchseite zwischen den Lenden und am Rücken bis an die langen Dornfortsätze, auch Federn oder Strähle genannt, die Mitte genau vorgezeichnet. Diese Schnitte sind der Anhaltspunkt für die Spalterführung. Nun begibt man sich an die Bauchseite und spaltet das Rückgrat in der Mitte durch. Nach der Schoßgegend folgen die Dornfortsätze. Diese können nicht in der Mitte gespalten werden, da sie federn. Korrekt ist es, das Rückgrat in der Mitte zu spalten und eine Feder nach links, die Nächste nach rechts zu hauen. Dabei bleiben die Knochenhaut und der Knorpel auf der einen Seite, die Feder kommt jeweils auf die andere Seite. Manche Fleischer hacken die Federn auf beiden Seiten an und ziehen sie sofort heraus. Bei einer Hausschlachtung können diese Federn aber auch auf eine Seite gehauen werden. Wenn später Viertel verkauft werden, muss das jedoch berücksichtigt werden. In der Halsgegend schneidet man auf der Rückenseite den Hals in der Mitte vor, dann werden die Halswirbel bis zum Genick gespalten. Dazu wird das Rind wieder hochgezogen. Anschließend werden die blutigen Fleischteile gründlich herausgeschnitten und die Rippen sowie die Halsgegend gründlich abgewaschen. Jetzt wird an jeder Hälfte der Nackenmuskel (Sehne) durchgeschnitten, dadurch hängt das Fleisch schöner ab.

Reinigen der Rindsdärme

Beim Hausschlachten werden die Rindsdärme selten geputzt. Für diejenigen jedoch, die Interesse daran haben, wird es hier beschrieben. Der Darmkomplex besteht aus dem Kranzdarm (Dünndarm) und dem Mittel- und Buttdarm (Dickdarm). Mitteldärme werden nur selten verwendet, sie sind aber für Salami gut geeignet. Ich beschränke mich hier auf den Kranz- und Buttdarm. Wenn Därme gemacht werden, löst man sic auf dem Brett, das auf dem Schlachtschragen liegt. Bei einer Hausschlachtung ist das gewöhnlich im Freien; da die Därme dort schnell kalt werden, sollten sie möglichst rasch nach dem Ausweiden gelöst werden.

Das Lösen der Därme
Der Kranzdarm wird mit dem Messer vom Darmfett heruntergeschnitten. Zunächst wird der Darminhalt am Pansen zurückgestreift und der Darm ca. 15 cm vor dem Eingang in den Pansen abgeschnitten. Dann wird der

Lösen des Kranzdarms

Darm mit der einen Hand leicht angezogen und mit der anderen Hand mit dem Messer heruntergetrennt. Es sollte möglichst wenig Fett am Darm bleiben. Dabei sollte ein Helfer die Därme auf dem Brett fest halten, damit sie nicht herunterrutschen. Der bereits heruntergeschnittene Darm wird in einen Eimer gelegt. Dieser ist so auf dem Boden abzustellen, dass kein Darminhalt hineinlaufen kann, wenn der Darm versehentlich angeschnitten wird. Ein Rinderdünndarm kann im Gegensatz zum Schweinsdünndarm an der sauberen Seite später nicht mehr gereinigt werden. Ist man mit dem Abtrennen am Buttdarm angelangt, so wird auch hier der Dreck zurückgestreift und der Darm wird ca. 15 cm vor dem Eingang in die Butte abgetrennt. Der Buttdarm hat eine Länge von ca. einem Meter, er wird vorsichtig vom Darmfett gerissen bzw. mit dem Messer abgetrennt. Vor dem Abtrennen wird der Dreck ebenfalls zurückgestreift.

Das Reinigen der Därme
Nachdem die Därme gelöst sind, werden sie mit dem Eimer auf den Schragen gestellt. Der Eimer wird bis ca. 10 cm unter den Rand mit

gut handwarmem Wasser gefüllt, damit die Därme angewärmt werden. Zunächst wird der Buttdarm ausgestreift. Er wird von der Butte her in sich gewendet, die an der Innenseite haftende gelbe Schicht wird mit einem Löffel abgekratzt. Der Dreck muss natürlich wie bei den Schweinsdärmen in einen gesonderten Dreckeimer.

Danach wird der Kranzdarm ausgestreift, dazu wird er am besten halbiert, damit man ihn besser handhaben kann. Anschließend wird er gewendet. Man stülpt dazu ein Darmende über Daumen und Zeigefinger und hebt den Eimer so an bzw. hält den Darm so, dass das Wasser in den Darm läuft. Dadurch saust der Darm in sich hinein und dreht sich dabei von selbst (siehe Schweinedünndarm Seite 56f). Dann wird der Kranzdarm mit dem Löffel geschleimt. Der Darm ist sauber, wenn die gelbe Schicht abgekratzt ist. Man muss vorsichtig arbeiten, da der Darm leicht reißt. Die Rinderdärme werden auf die gleiche Weise wie die Schweinedärme weiterbearbeitet.

Brühen und Reinigen der Kuttel

Zunächst trennt man von der Kuttel das Magennetz, die Därme sowie den Blätter- und Labmagen ab, anschließend wird das Fett an der Kuttel abgelöst. Danach schneidet man zwischen den beiden Pansensäcken einen Schlitz von ca. 20–30 cm Länge. Dazu wird der Magen an die Brettkante gelegt, so dass der Mageninhalt auf den Boden fällt. Ein Helfer hält die obere Kuttelwand fest, dann wird das Futter aus der Kuttel geholt. Jetzt greift man mit einer Hand in das Innere der Kuttel an die Haube und zieht diese durch die Öffnung nach außen. Dadurch ist die Kuttel gewendet. Beim Entleeren und Drehen sollte

Ausleeren (oben) und Abkratzen der Kuttel

sorgfältig gearbeitet werden, damit die Fettseite nicht verschmutzt wird. Ist die Kuttel gewendet, werden der Mageneingang, der Magenausgang und der Einschnitt mit Schnüren oder Drähten fest angebunden, damit beim Brühen und Abkratzen kein Schmutz ins Innere gelangt. Danach werden die Falten sorgfältig losgerissen.

Die zugebundene Kuttel wird nun in ca. 70 °C heißem Wasser gebrüht. Dabei sollte sie im Wasser hin und her bewegt werden. Mit der Hand kontrolliert man, ob sich die braune Schicht löst. Wenn es so weit ist, wird die Kuttel auf das Brett gelegt und mit Schabglocken abgekratzt. Dieser Ablauf wird mehrmals wiederholt. Ist die Kuttel gründlich abgekratzt, wird sie in sauberem kalten Wasser mehrmals durchgespült, danach in einige Stücke geschnitten und auf Sauberkeit kontrolliert. Notfalls muss sie nachgeputzt werden. Wurde beim Drehen sorgfältig gearbeitet, müsste die Fettseite jetzt sauber sein. Diese Kutteln werden gekocht, in Streifen geschnitten und zu Saueressen verarbeitet. Dabei ist es empfehlenswert, ein Stück vom Herzen mitzuverarbeiten.

Brühen und Hären der Kopfhaut

Bei einer Hausschlachtung wird meist nicht die ganze Kopfhaut, sondern nur das Maul gebrüht. Zunächst wird das Maul von der Haut abgetrennt und in einem Eimer mit sauberem heißem Wasser (70 °C) gebrüht. Wenn sich die Haut löst, wird das Maul auf dem Brett mit einer Schabglocke abgekratzt. Es kann durchaus sein, dass dieser Vorgang wiederholt werden muss. Danach werden die Haare abrasiert bzw. abgeflammt. Das Maul wird sauber abgewaschen und gekocht. In Streifen geschnitten und mit Essig und sonstigen Zutaten angemacht, wird daraus der von vielen Feinschmeckern geschätzte Ochsenmaulsalat zubereitet.

Das Schlachten von Kälbern

Das Kälber schlachten hat beim Hausschlachten und bei der Selbstvermarktung kaum eine Bedeutung, da es eher kostspielig ist. Zwar ist Kalbfleisch gesund, aber es wird als Delikatesse angesehen. Auch in der Wurstproduktion (Kalbsleberwurst, Weißwurst, Diätwurst) findet es kaum Verwendung, zum einen aus kalkulatorischen Gründen. Einen anderen Grund bringt ein alter Spruch zum Ausdruck: Kalbfleisch ist Kalbfleisch. Kalbfleisch ist kein ausgereiftes Fleisch, deshalb ist es beispielsweise für die Rohwurstherstellung völlig ungeeignet.

Die Arbeitsgänge beim Schlachten sind im Prinzip dieselben wie beim Großviehschlachten. Früher wurden die Kälber mit einem Lebendgewicht von 80–100 kg geschlachtet, sie wurden gewöhnlich in der Mitte nicht gespalten. Heute liegt das Lebendgewicht in der Regel bei 150–200 kg. Bei diesen schweren Tieren wird der Rücken in zwei Hälften gespalten. Kälber werden aus alter Gewohnheit häufig im Hängen abgehäutet. Abhäute- und Ausweidearbeiten kann man bei Kälbern am Galgen vornehmen, ein Aufzug oder ein Frontlader sind nicht nötig.

Das Schlachten von Schafen und Ziegen

Das Schlachten und die Verarbeitung dieser Tiere hat in manchen Regionen und vor allem bei den Hobbytierhaltern große Bedeutung, deshalb gehe ich in diesem Buch intensiv auf dieses Thema ein.

Da bei Schafen und Ziegen nur geringe Mengen Fleisch anfallen, ist es nicht schwierig, die Schlacht- und Zerlegearbeiten selbst durchzuführen.

Betäubung und Blutentziehung

Schafe und Ziegen, in der Fachsprache als Kleinvieh bezeichnet, werden bei einer Hausschlachtung in der Regel mit dem Bolzenschussapparat betäubt. Die Blutentziehung erfolgt entweder durch den Halsstich oder, ebenso wie beim Großvieh, durch Abschneiden des Kopfes. Eine andere Möglichkeit ist, den Kopf bis auf das Genick abzuschneiden und ihn am Schlachtkörper zu belassen. Bei der Blutentziehung durch den Halsstich wird mit dem Messer dicht neben dem Ohr quer in den Hals eingestochen. Es ist eine Frage der Gewohnheit, ob man Kleinvieh im Liegen auf dem Schragen oder im Hängen am Galgen abhäutet. Für Anfänger ist das Arbeiten im Liegen leichter. Es ist dabei von Vorteil, wenn eine Person mithilft und die Füße oder die Haut hält, damit das Fleisch nicht verschmutzt wird. Fleischteile, die abgehäutet sind, dürfen nicht mehr mit der Fleischseite des Fells in Berührung kommen. Das Gleiche gilt für die Hand, mit der die Haut heruntergedrückt wird, sie muss immer sauber sein.

Abhäuten im Liegen

Beim Abhäuten von Kleinvieh im Liegen wird das getötete Tier auf den Schlachtschragen gelegt. Die Haut wird wie beim Großvieh aufgeschlitzt, die Unterfüße werden im Gelenk abgeschnitten. Als Erstes wird der Kopf bis an die Augen mit dem Messer abgehäutet, dann wird der Brustkern und die Euter-/Sackgegend freigelegt. Auch die Zunge kann gleich gelöst werden. Nun wird nur noch wenig mit dem Messer gearbeitet. Das Fell wird gefäustet, mit einer Hand wird die Haut angezogen und mit der anderen Hand wird die Haut vom Fleisch weggedrückt. Man muss natürlich darauf achten, dass die Haut danach frei von Fett und Fleisch ist. Das Fäusten beginnt in der Brustgegend, danach folgt die Bauch-

gegend, dann die Schulter. Anschließend werden die Vorderfüße ausgezogen. Nun werden vom Bauch aus die Schlegel freigelegt und die Hinterfüße ausgezogen. Das Tier wird an den Hinterfüßen aufgehängt. Mit dem Messer wird die Schwanzwurzelgegend freigeschafft. Der Schwanz kann ausgezogen werden. Gewöhnlich wird er abgeschnitten. In diesem Bereich muss sorgfältig gearbeitet werden. Es ist zu empfehlen, das Fell vom Bauch aus von jeder Seite bis in die Mitte des Rückens zu drücken, denn es ist gefährlich, die Haut in der Rückengegend von oben nach unten zu reißen. Oft wird dabei Fleisch mitgerissen. Erst in der Halsgegend zieht man die Haut bis auf den Kopf vor. Nun werden die Ohren so weit wie möglich am Knochen abgeschnitten und der Kopf mit dem Messer abgehäutet. Bei Tieren mit Hörnern wird bis auf die Hörner gearbeitet. Diese werden dann mit der Säge abgetrennt. Anschließend werden die Augen ausgestochen.

Abhäuten im Hängen

Viele Schlächter verrichten die Abhäutearbeiten im Hängen, was vor allem bei älteren Tieren, insbesondere bei Ziegen, zu empfehlen ist. Diese Tiere sind oft trocken, bei ihnen liegt die Haut besonders dicht am Fleisch an. Bei diesen Tieren geht das Abhäuten mit der Faust nur sehr mühsam oder gar nicht. Die Haut wird dann mit dem Messergriff oder ganz einfach mit einem Hammer „abgeklopft".

Nach der Tötung schneidet man im Liegen das Fell an den Vorder- und Hinterfüßen auf, außerdem erfolgt der Mittelschnitt vom Brustkern bis zum Unterkiefer. Der Kopf kann bis zu den Augen abgezogen und die Zunge gelöst werden. Nun werden die Hinterfüße abgeschnitten und die Haut wird so weit abgetrennt, dass das Tier daran aufgehängt werden kann. Danach erfolgt der Mittelschnitt

Abhäuten von Kleinvieh durch Fäusten

Abziehen der Haut beim Kleinvieh

vom After bis zum Brustkern, dann wird die linke Bauchseite abgehäutet. Die Haut wird mit dem Messer entlang des Mittelschnitts so weit abgetrennt, bis das dunkelrote Fleisch erscheint. Dann wird der linke Schlegel abgehäutet, wenn das mit der Faust nicht geht, wird die Haut geklopft. Danach folgt die linke Bauch- und Brustseite. Wenn man an der Schulter angelangt ist, wird die Haut am linken Fuß so weit herausgezogen, bis man den Vorderfuß am Gelenk abschneiden kann. Man arbeitet sich nun bis in die Mitte des Rückens vor, dann wird der rechte Schlegel freigelegt und der Schwanz ausgezogen oder abgeschnitten. Am Übergang vom Schlegel zum Bauch muss sehr behutsam gearbeitet werden. Wird hier das Fleisch verletzt, sind die weiteren Enthäutearbeiten schwierig.

Nun wird auch an der rechten Seite vom Mittelschnitt her vorgearbeitet, bis das dunkelrote Fleisch erscheint. War man bis jetzt sorgfältig, so kann die Haut heruntergezogen werden. Dabei sollte auf jeden Fall langsam gearbeitet werden. Sobald man merkt, dass an einer Stelle das Fleisch mitreißen will, muss sofort mit dem Messer nachgearbeitet werden.

Nun wird der rechte Vorderfuß ausgezogen und am Gelenk abgeschnitten. Hals und Kopf werden abgehäutet und die Augen ausgestochen. Anschließend wird die Kopfhaut vom Fell abgetrennt. Das Fell wird auf der Fleischseite eingesalzen, zusammengelegt und verschnürt.

Ausweiden

Wenn die Abhäutearbeiten abgeschlossen sind, wird das Tier ausgeweidet. Beim Kleinvieh ist es üblich, zunächst vom Becken her einen Schnitt bis in die Eutergegend zu ziehen. Dann greift man mit dem Zeige- und dem Mittelfinger in die Bauchhöhle und drückt die Eingeweide zurück. Die Finger werden gespreizt, man schneidet mit dem Messer zwischen den Fingern. Der Bauch wird so bis in die Brustgegend geöffnet. Handelt es sich um noch kleine Tiere (z. B. Zicklein), so wird das Schloss normalerweise nicht geöffnet, da sie oft gefüllt werden. Die Bauchhöhle wird dann im Anschluss wieder zugenäht. Der Darm wird im Schloss freigelegt und durch das Becken in die Bauchhöhle gezogen. Nun werden die Därme und die Mägen aus der Bauchhöhle geholt. Bei größeren Schafen werden die Saitlinge (der Dünndarm) vom Darmfett „gerissen" und ausgetreift, sie werden ungewendet wie Schweinsdünndärme geschleimt. Saitlinge werden als Wursthüllen für Wiener Würstchen verwendet, man kann sie auch an eine Metzgerei verkaufen. Die übrigen Därme und die Mägen finden gewöhnlich keine Verwendung. Wird jedoch Kleinvieh für Griechen oder Türken geschlachtet, so muss berücksichtigt werden, dass diese Leute z. B. mit dem Magennetz, den Mägen und dem Dünndarm oft Spezialitäten herstellen. Sie sollten am besten bei der Schlachtung dabei sein, um diese Eingeweide selbst zu verarbeiten.

Werden die Tiere gefüllt, also am Stock weiterverarbeitet, so werden die Innereien ohne Öffnen des Brustbeins aus der Brusthöhle geholt. Die Zunge und der Schlund müssen dabei vom Kopf her bis zum Eingang in die Brusthöhle gelöst werden. Dann wird das Zwerchfell aufgeschnitten und der Herzbeutel am Brustbein losgerissen. Nun schneidet man mit dem Messer entlang des Rückgrats vor bis an den Ausgang aus der Brusthöhle. Die Zunge wird mit dem Schlund durch die enge Öffnung der Brust gezogen und man kann das Geräusch vollständig aus der Brusthöhle entnehmen. Der Brustkorb wird anschließend innen sauber ausgewaschen. Am Geräusch werden der Schlund und das Herz aufgeschnitten und ebenfalls gründlich gewaschen. Werden Tiere nach dem Schlachten zerlegt, so werden zum Ausnehmen Schloss und Brustbein wie bei anderem Schlachtvieh geöffnet.

Kleinvieh wird in der Regel nicht gespalten. Lediglich große Tiere bzw. Tiere, die vollständig ausgebeint werden (Wursttiere), werden in der Mitte halbiert. Der relativ lange Hals beim Kleinvieh lässt sich oft nur schwer spalten, da er federt. Hier empfiehlt es sich, die Knochensäge zu benutzen. Der Kopf wird vor dem Spalten abgetrennt.

Das Schlachten von Kaninchen

Stallhasen werden gewöhnlich nicht beim Hausschlachten mitverarbeitet. Für die Hobbytierhalter aber, die dieses Buch lesen, ist dieses Thema sicherlich von Interesse.

Oft hält man bei der Betäubung den Hasen an den Ohren hoch und schlägt mit einem Prügel ins Genick. Dabei entstehen oft unerwünschte blutunterlaufene Stellen. Besser eignen sich spezielle Betäubungsapparate, die mit einer Feder gespannt werden. Diesen Apparat setzt man wie bei den anderen Schlachttieren auf der Stirn auf. Zur Blutentziehung schneidet man nur die Halsadern durch. Das Kaninchen hängt man an den beiden Hinterfüßen gespreizt mit jeweils einer Schnur auf (z. B. an eine schräg an eine Wand gestellte Leiter). Das Fell wird oberhalb des Sprunggelenks ringsum den Fuß aufgetrennt.

Abziehen eines Kaninchens

packt man mit beiden Händen das Fell und zieht es herunter bis an die Vorderläufe. Es muss immer darauf geachtet werden, dass kein Fleisch am Fell bleibt. Wenn das doch passiert, so muss mit dem Messer nachgeholfen werden. Nun zieht man die Vorderläufe heraus und schneidet sie am Unterarmgelenk ab. Das Fell wird bis an die Ohren weitergezogen. Der Kopf wird nun mit dem Messer abgezogen, dabei werden die Ohrmuscheln sauber abgeschnitten. Dann sticht man die Augen aus. Nun werden Bauch- und Brusthöhle ausgeweidet und ausgewaschen, anschließend werden der Schlund und das Herz aufgeschnitten und gesäubert. Stallhasen sollten zwei bis drei Tage kühl abgehängt werden.

Beim Zerlegen werden zunächst die beiden Schultern mit den Vorderläufen abgetrennt, dann werden die Bauchlappen abgeschnitten. Danach wird der Hals vor den Rippen, die Rippen oberhalb der ersten Rippe und der Rücken am Beginn der Schlegel abgetrennt. Wer Übung besitzt, arbeitet mit dem Messer; ansonsten kann man das Tier auf den Hackklotz legen und den Spalter benutzen. An den beiden Keulen werden schließlich noch die Pfoten abgehackt. Nun können auf Wunsch die Teilstücke in kleinere Teile zerhackt werden.

Die Keulen und der Rücken eignen sich zum Braten oder Schmoren. Den Rest verwendet man zu Hasenpfeffer (Saueressen) oder Ragout.

Dann folgt auf der Innenseite der Schlegel ein Schnitt bis zum After. Nun werden die Füße mit dem Messer vom Fell freigelegt, danach wird das Fell an den Keulen mit der Hand heruntergezogen, Nun werden After und Schwanz mit dem Messer durchtrennt, dann

Zerlegen

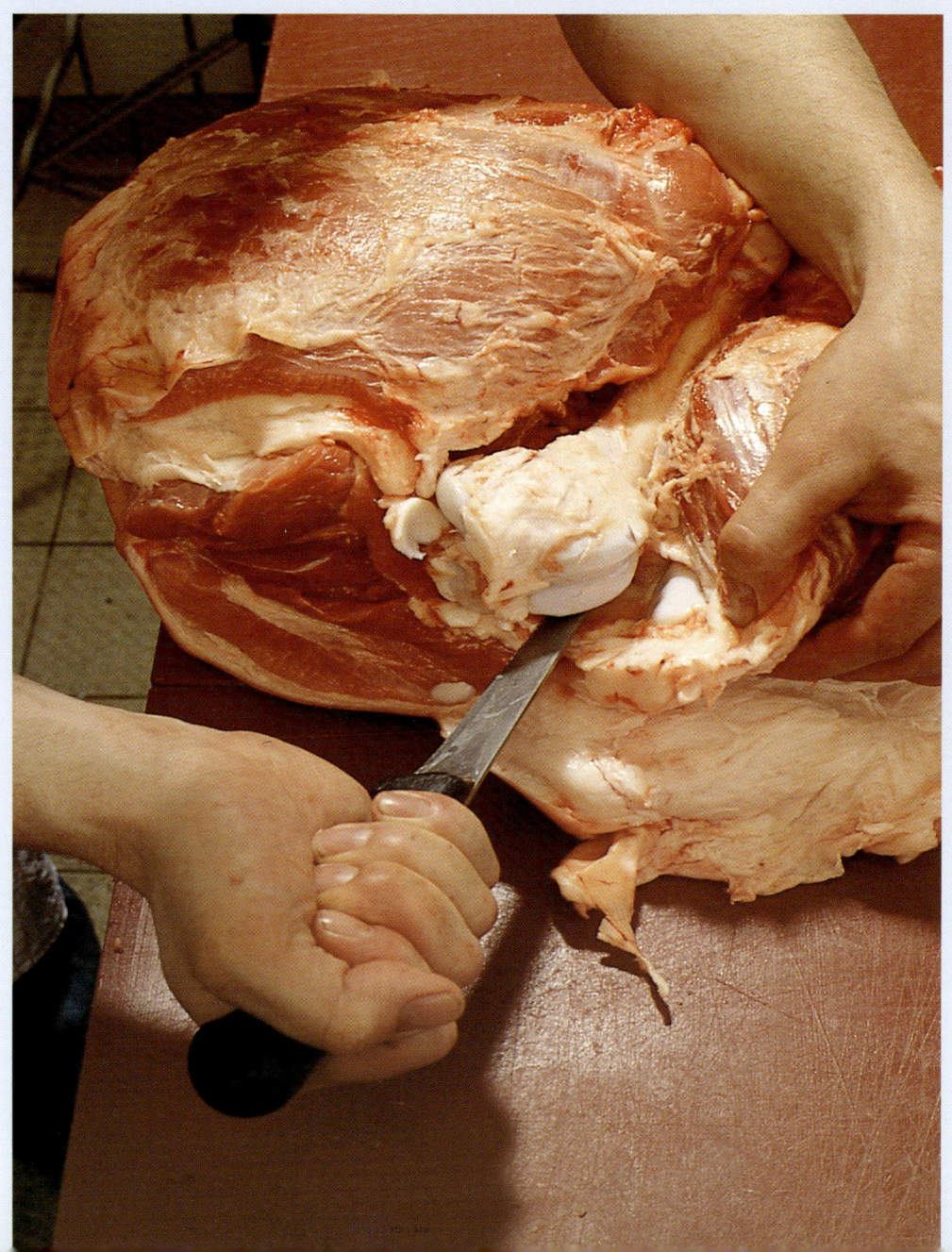

Das Zerlegen von Schweinen

Das Zerlegen eines Schweins wird sehr ausführlich beschrieben, da sich viele Arbeiten bei den anderen Tieren wiederholen. Dort wird nur mehr auf Besonderheiten hingewiesen. Besonders bei den Knochen und Fleischteilen haben die Metzger ihre eigene Sprache. Man sagt nicht: der untere Teil vom Schlegel, sondern: die Unterschale, nicht: das Schulterblatt, sondern: die Schaufel. Wenn man sich als Fachmann ausweisen will, wird man sich diese Sprache angewöhnen müssen.

Auch beim Zerlegen gibt es viele Varianten, darauf gehe ich aber nur teilweise ein. Beim Hausschlachten sind die Qualitätsansprüche andere als beim Schlachter für den Ladenverkauf, in Metzgereien müssen zum Beispiel die Knochen ohne Verletzung des Knochenhäutchens herausgeschnitten werden, was beim Hausschlachten nicht unbedingt nötig ist. Im Gegenteil, oft soll gerade Fleisch am Knochen bleiben, damit sie z. B. im Kraut als „Knöchle" verwendet werden können. Nur die Stücke, die man einsalzt oder räuchert, müssen sauber ausgebeint bzw. zugeschnitten werden, da sonst das Fleisch Schaden nehmen kann.

Beim Ausbeinen passieren die meisten Unfälle, deshalb muss hier besonders auf die Sicherheit geachtet werden. Zur Verminderung der Gefahren gibt es spezielle Stechschürzen und Stechhandschuhe. Man sollte so mit dem Messer arbeiten, dass es beim Abrutschen am Körper vorbeigeht. Außerdem sollte das Messer richtig in der Hand liegen. Beim Schneiden wird es mit den Fingern umfasst und mit dem Daumen auf den Messerrücken gedrückt. Beim Ausbeinen umfasst die ganze Hand den Messergriff, die Spitze zeigt nach unten und das Messer wird gezogen.

Zerlegen in die groben Teilstücke

Man kann eine Schweinehälfte liegend und hängend zerlegen; hier wird es am liegenden Tier erklärt. Erst wird das Filet (die Lende) herausgeschnitten. Dazu erfolgt ein Schnitt entlang des Kotelettknochens, der am Schlossknochen endet. Dort wird der Filetkopf aus dem Schlegel gelöst, wobei man nicht zu tief schneiden darf, damit der Schlegel nicht verletzt wird. Hier muss man sich, wie beim gesamten Zerlegen, an die Fleischnaht halten, dann kann nicht viel passieren. Die Fleischnaht ist die natürliche Abtrennung der einzelnen Fleischteile.

Der Schlegel wird dort abgeschnitten, wo der Schlossknochen endet. Der Wirbelknochen wird am besten durchgesägt. Nun wird die Schweinehälfte auf die Knochenseite gelegt und der Schweinebug abgeschnitten. Dazu wird der Vorderfuß hochgezogen, der erste Schnitt beginnt am Kotelettstück. Das Messer läuft zwischen Bug und Rippen parallel. Dort kommt dann eine breite Naht zum Vorschein, dieser schneidet man nach, bis man zur Schaufel kommt. Danach folgt ein leichter Schnitt auf dem Knochen, dann wird mit dem Messerrücken die Haut auf der Schaufel losgekratzt. Der Bug wird nach hinten geklappt und zwischen Knochen und Knorpel abgetrennt (Knorpel bleibt am Hals). Nun wird die Hälfte auf die Fleischseite gedreht und das Hals-Kotelett-Stück wird vom Bauch abgesägt, und zwar so, dass das Kotelett den gewünschten Stiel hat. Wird das Kotelettstück zu schmal abgetrennt, zerfällt es. Der Sägeschnitt kann mit dem Messer auf den Rippen angezeichnet werden. Der Hals wird von der Brustspitze her nach der achten Rippe getrennt. Die groben Fleischteile sind also: Schlegel, Bug, Kotelettstrang, Hals und Bauch.

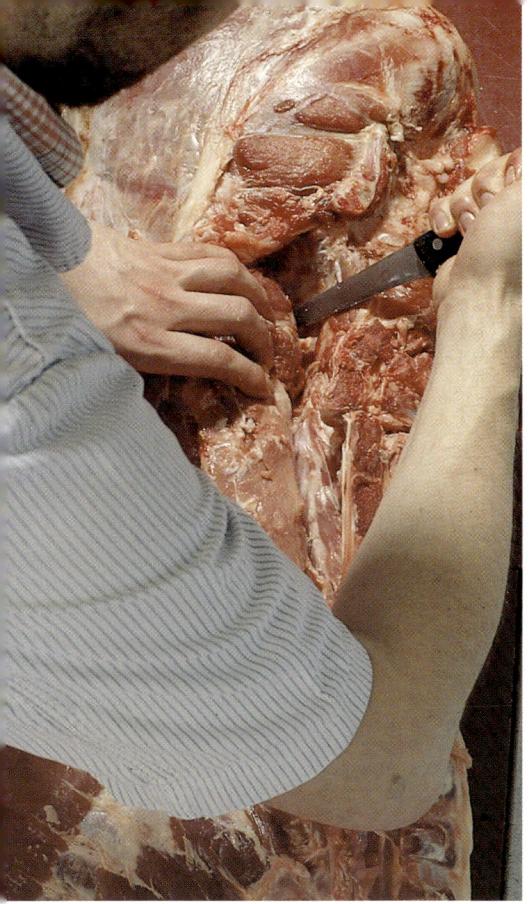

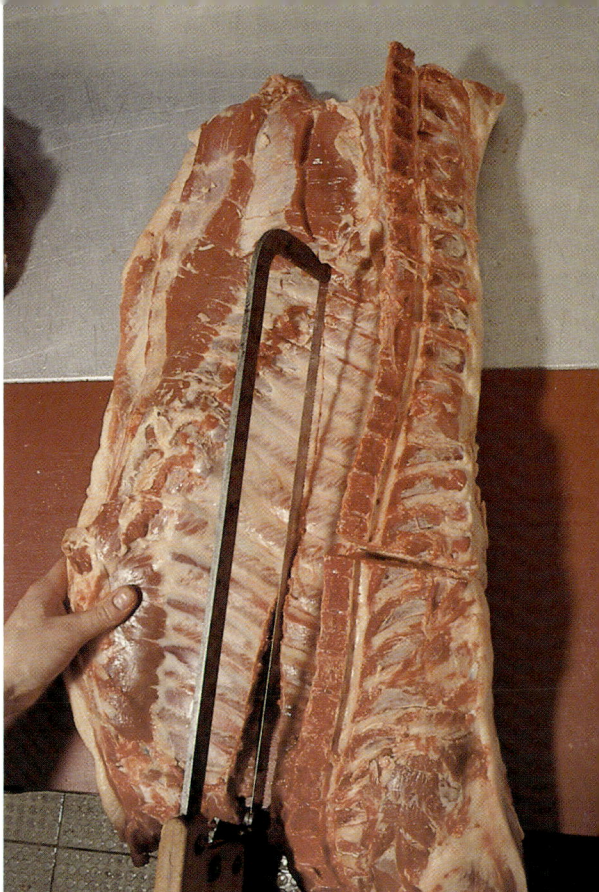

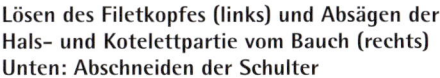

Lösen des Filetkopfes (links) und Absägen der Hals- und Kotelettpartie vom Bauch (rechts) Unten: Abschneiden der Schulter

Zerlegen des Schweineschlegels

Zuerst wird mit dem Messer in die Kniescheibengegend gestochen, dort muss man auf eine weiche Stelle treffen. Die Haxe wird ungefähr parallel zum Schlossknochen abgeschnitten. Die Haxe wird in Eis- und Spitzbein unterteilt, wobei der fleischige Teil das Eisbein ist. Nun wird das Schwanzfederbein vom Schlossknochen abgelöst. Dazu schneidet oder sticht man zwischen diese beiden Knochen und gewichtet die Feder hoch. Vorsicht, Messer

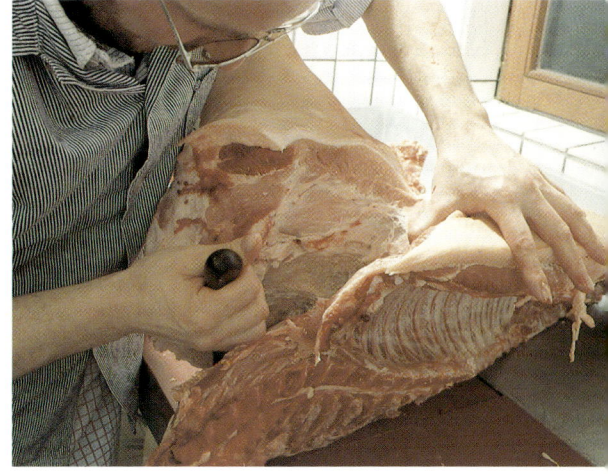

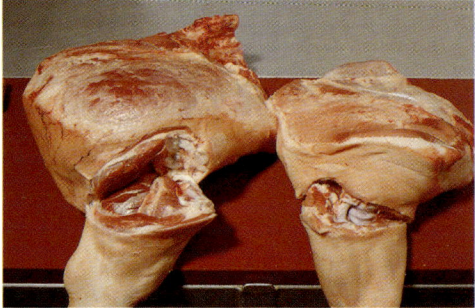

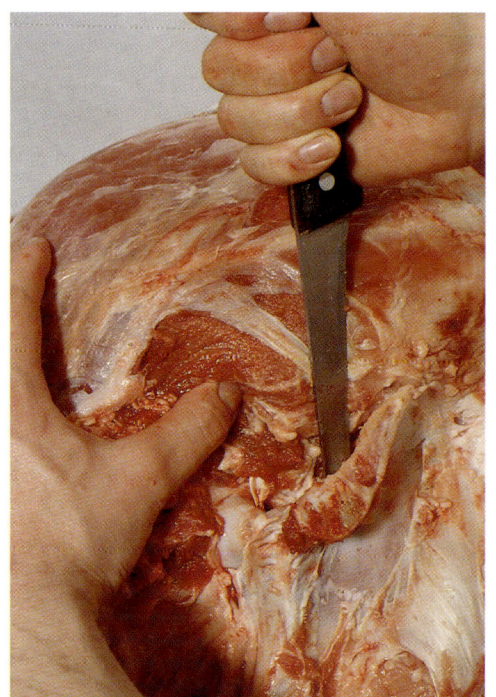

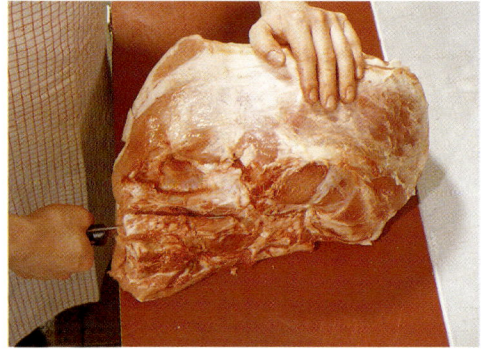

Links oben: Abtrennen der Eisbeine an Bug und Schlegel. Unten: Lösen der Schwanzfeder.

nicht abbrechen! Nun schneidet man am Schlossknochen bis zur Gelenkpfanne vor (dort beginnen, wo aufbeschlosst wurde). Dann wird das Gelenk durchtrennt. Im Schlossknochen ist ein Loch, in dieses wird hineingefasst und der Knochen am Fleisch weggedrückt. Der Schlossknochen wird jetzt auf dem Mürben Stück (Hüfte) gelöst und hängt nur noch an der Unterschale. Hier muss man sorgfältig arbeiten, damit sie nicht zerstochen wird. Nun wird der Rohrknochen herausgetrennt. Dazu schneidet man in einem Winkel von ca. 45° zwischen Nuss und Oberschale. Die Naht ist außen sichtbar und führt direkt am Knochen vorbei. Es führt dann ein Schnitt mit der Messerschneide auf den Kno-

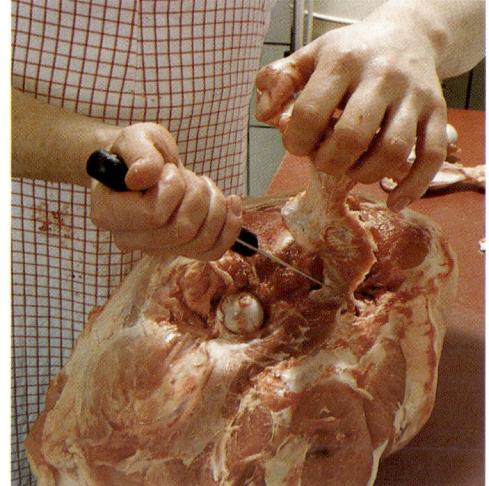

Rechts oben: Anschneiden des Schlossknochens Unten: Ausbeinen des Schlossknochens

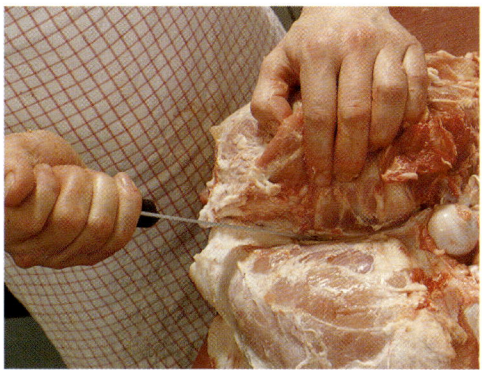

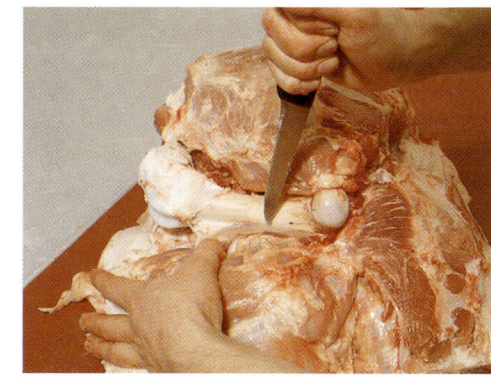

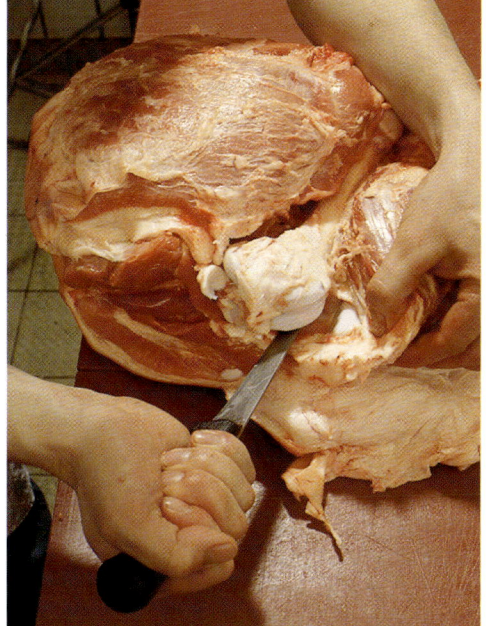

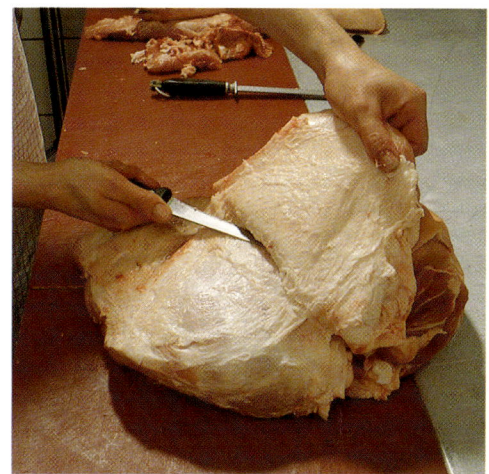

Links oben: Schnitt zwischen Oberschale und Nuss.
Unten: Freilegen der Knochenköpfe
Rechts oben: Anritzen der Rohrknochenhaut
Unten: Abziehen der Speckschwarte vom Schlegel

chen. Anschließend muss man das Fleisch mit dem Messerrücken lösen, so dass die Knochenhaut nicht verletzt wird. Jetzt wird der Knochenkopf an der Kniescheibe ringsherum freigelegt und der Rohrknochen mühelos gelöst. Soll der Schlegel abgeschwartet werden, ist dies der nächste Arbeitsschritt. Die Schwarte wird so abgezogen, dass etwas Fett am Fleisch bleibt und auf keinen Fall der Schlegel verletzt wird. Er wird entlang der Nähte in vier Stücke Oberschale, Unterschale, Nuss und Mürbes Stück (Hüfte) zerlegt. Am Nussstück wird die Kniescheibe herausgeschnitten.

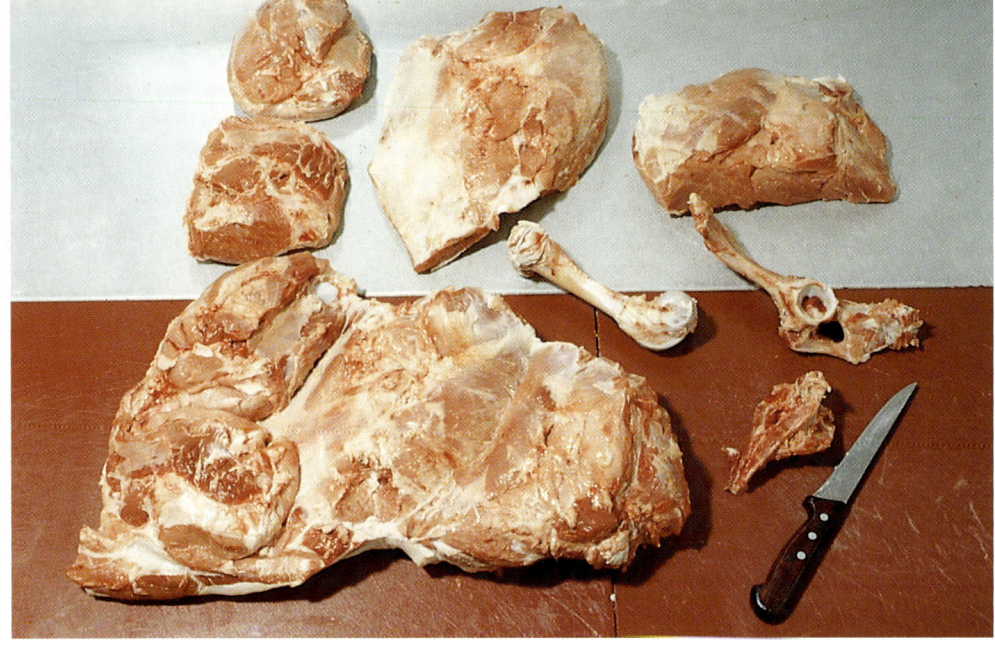

Unten: ausgebeinter Schlegel.
Darüber von links nach rechts: Nuss (oben) und Hüfte, Unterschale, Oberschale; darunter Rohrknochen, Schlossknochen, Schwanzfeder

Zerlegen der Schweineschulter

Hier wird zunächst die Vorderhaxe im Ellbogengelenk abgetrennt. Das ist schwieriger als am Schlegel, denn dieses Gelenk geht „um die Ecke". Diese Haxe kann ebenso gut verwendet werden wie die hintere. Nun wird der Rohrknochen und die Schaufel freigelegt; am Rohrknochen wird ebenfalls wieder im 45°-Winkel begonnen. Der erste Schnitt erfolgt am langen Winkel der beiden Knochen. Der Schnitt führt um den Knochenkopf, wo Rohrknochen und Schaufel verbunden sind, und endet an der Schaufelspitze (in der Schaufelgegend nicht zu tief und exakt am Knochen schneiden). Der zweite Schnitt führt an der Innenseite der Knochen entlang. Auf der Schaufel ist noch Fleisch, der Blattdeckel. Dieser wird am Gelenkkopf gelöst und mit dem Messer heruntergekratzt. Nun wird das Schultergelenk durchtrennt. Danach drückt man mit dem Bauch die Schaufel nach unten und löst den Schaufelkopf. Mit der einen Hand wird der Bug am Kopf des Rohrknochens angehalten und mit der anderen Hand die Schaufel herausgezogen. Das Auslösen des Rohrknochens und das Abschwarten erfolgt genauso wie am Schlegel. Mit einem winkligen Schnitt durch die Schultermitte wird in den dicken Bug (Schulterbraten) und das Schaufelstück mit runder Schulter geteilt.

Ausbeinen des Schweinehalses

Zunächst wird der Knorpel aus dem Hals gelöst. Dazu schneidet man genau auf der Ober- und Unterseite des Knorpels entlang, ohne dabei zu tief zu schneiden. Das weitere Ausbeinen muss nicht weiter erklärt werden. Man schneidet mit dem Messer mit kleinen Schnitten auf jeder Seite genau am Knochen entlang.

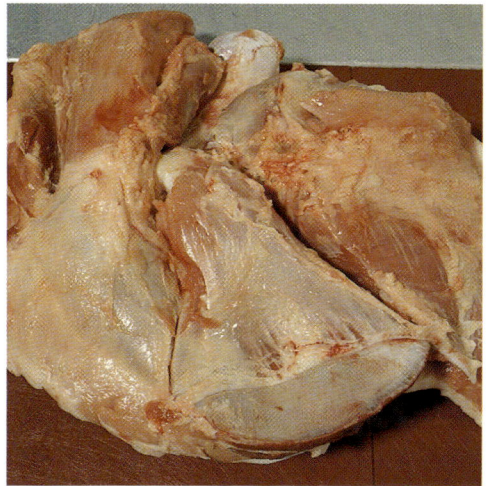

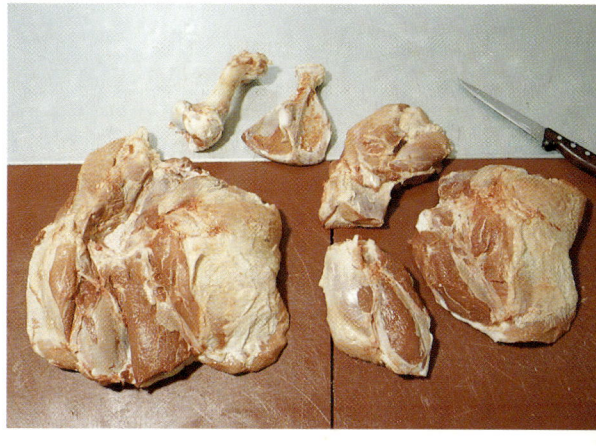

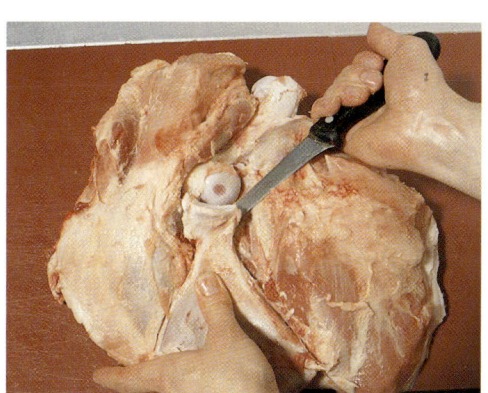

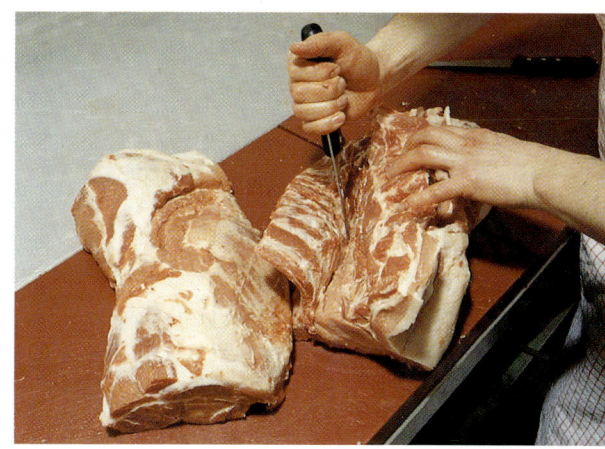

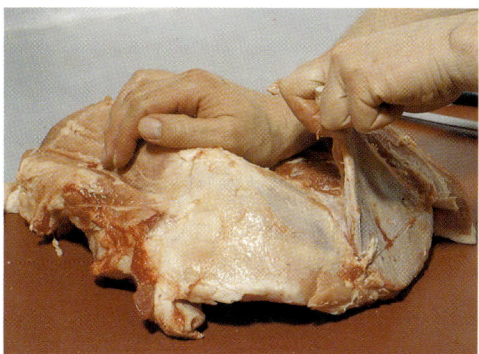

Links von oben nach unten:
Der zweite Schnitt;
Lösen des Schaufelkopfes; Ausziehen der
Schaufel

Rechts oben: Fleischteile des Bugs. Von links
nach rechts: ausgebeinter Bug, Schaufelstücke
und runde Schulter, dicker Bug; oben:
Rohrknochen und Schaufel

Rechts unten: Ausbeinen des Halses (rechts) und
ausgebeinter und zugeschnittener Hals (links)

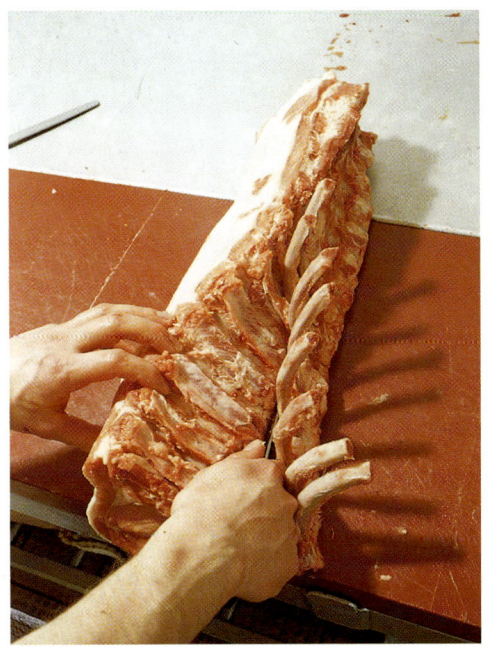

Bearbeitung des Kotelettstranges

Koteletts werden normalerweise vorgeschnitten und gehackt. Sollen sie doch einmal ausgebeint werden (z. B. bei Steak, Kasseler usw.) so geht man wie am Hals vor. Wenn man auf genaueres Arbeiten Wert legt, löst man die Rippen und zieht sie mit einer Schlinge heraus, der Rest wird ausgebeint. Das Lösen der Rippen wird unter „Ausbeinen des Bauches" genauer erklärt. Doch nun zum normalen Vorgehen.

Bei den Stielkoteletts wird an jedes eine Rippe geschnitten. Sollten sie dadurch zu dick werden, so schneidet man immer wieder ein „blindes" (ohne Rippen) dazwischen. Dabei wird nicht genau zwischen den Rippen geschnitten, sondern an einem Kotelett genau links und am anderen genau rechts an der Rippe vorbei, das in der Mitte hat also nur den ganz geringen Knochenanteil des Rückgrats. Die vorgeschnittenen Koteletts werden mit dem Handspalter einzeln abgehackt. Dabei mit der einen Hand das abzuhackende Kotelett vom Strang wegziehen, damit die Verletzungsgefahr verringert wird. Der Spalter kann nämlich zwischen Fingern und Knochen nicht unterscheiden.

Ausbeinen des Schweinebauches

Wenn man den Schweinebauch nicht ausbeint, also die Rippen im Fleisch bleiben, wird er nur zugeschnitten. Die andere Möglichkeit ist, Schälrippchen herzustellen. Dabei werden die Rippen in einem Stück mit dem Messer heruntergeschnitten. Bei einer dritten Möglichkeit werden die Rippen herausgezogen, dazu wird jede Rippe genau am Knochen links und rechts angeschnitten. (Nicht zu tief

Oben: Ausbeinen des Kotelettstrangs
Unten: Abschälen der Rippen

Anschneiden der Rippen am Bauch

schneiden!) Noch etwas besser kann die Rippe mit dem Messerrücken freigelegt werden. Diese Schnitte werden jeweils vom Knorpel, der im Fleisch liegt, bis ans Rippenende geführt. Nun wird der Bauch an die Tischkante gelegt und mit einer Hand auf den Tisch gedrückt. Mit der anderen Hand werden mit dem Messerrücken die Rippenenden freigelegt, dann wird der Bauch gedreht. Die Rippen können mit einer Schnurschlinge herausgezogen werden. An der Brustspitze geht das meist schlechter, am besten schält man die Brustspitze wie oben beschrieben ab. Der Knorpel kann sofort oder erst beim späteren Verzehr herausgetrennt werden.

Die Verwendung der Schweine-knochen

Sollen die Knochen nicht verwendet oder nur zu Fleischbrühe gekocht werden, so wird, schon aus Kostengründen, sauber ausgebeint. Sollten dennoch Fleischreste an den Knochen bleiben, so werden sie abgekratzt. Diese Fleischreste kann man zur Wurstherstellung verwenden.

Bei der Hausschlachtung werden die Knochen aber zumeist verwertet, dabei werden die Eisbeine angebraten, gekocht oder ins Kraut gesteckt. Auch an den anderen Knochen lässt man absichtlich Fleisch (z. B. an der Schaufel, am Schlossknochen und am Schälripple). Auch sie werden wie weiter oben beschrieben bearbeitet.

Zuvor müssen die Knochen zerkleinert werden. Normalerweise benutzt man dazu den Spalter, wobei man mit so wenig Schlägen wie möglich auskommen sollte, da jeder Hieb Splitter verursacht. Leichter und sauberer arbeitet natürlich eine elektrische Knochensäge. Wird mit der Handsäge gear-

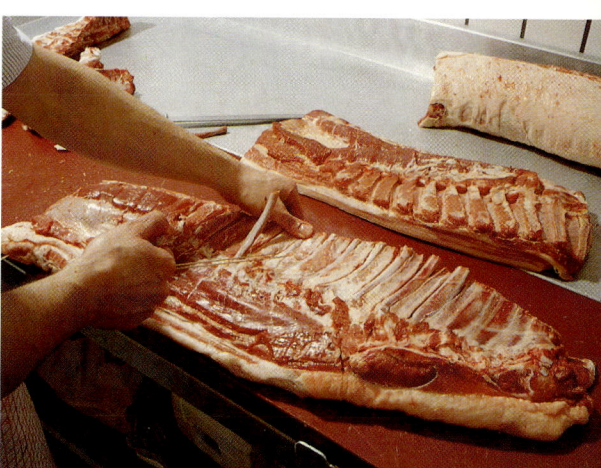

Vorn: Ausziehen der Rippen aus dem Bauch
Mitte: ausgebeinter und zugeschnittener Bauch
Hinten: Kotelettstück

beitet, so wird diese mit dem Bauch, die Zähne nach oben, gegen den Hackklotz gedrückt. Die Knochen werden durch hin und her Schieben zersägt. Die Säge sollte aber gut geschränkt und gefeilt sein, sonst klemmen die Knochen.

Die Fleischteile des Schweines und ihre Verwendung

Die Ziffern in den Zeichnungen beziehen sich auf die Bezifferung in den Tabellen.

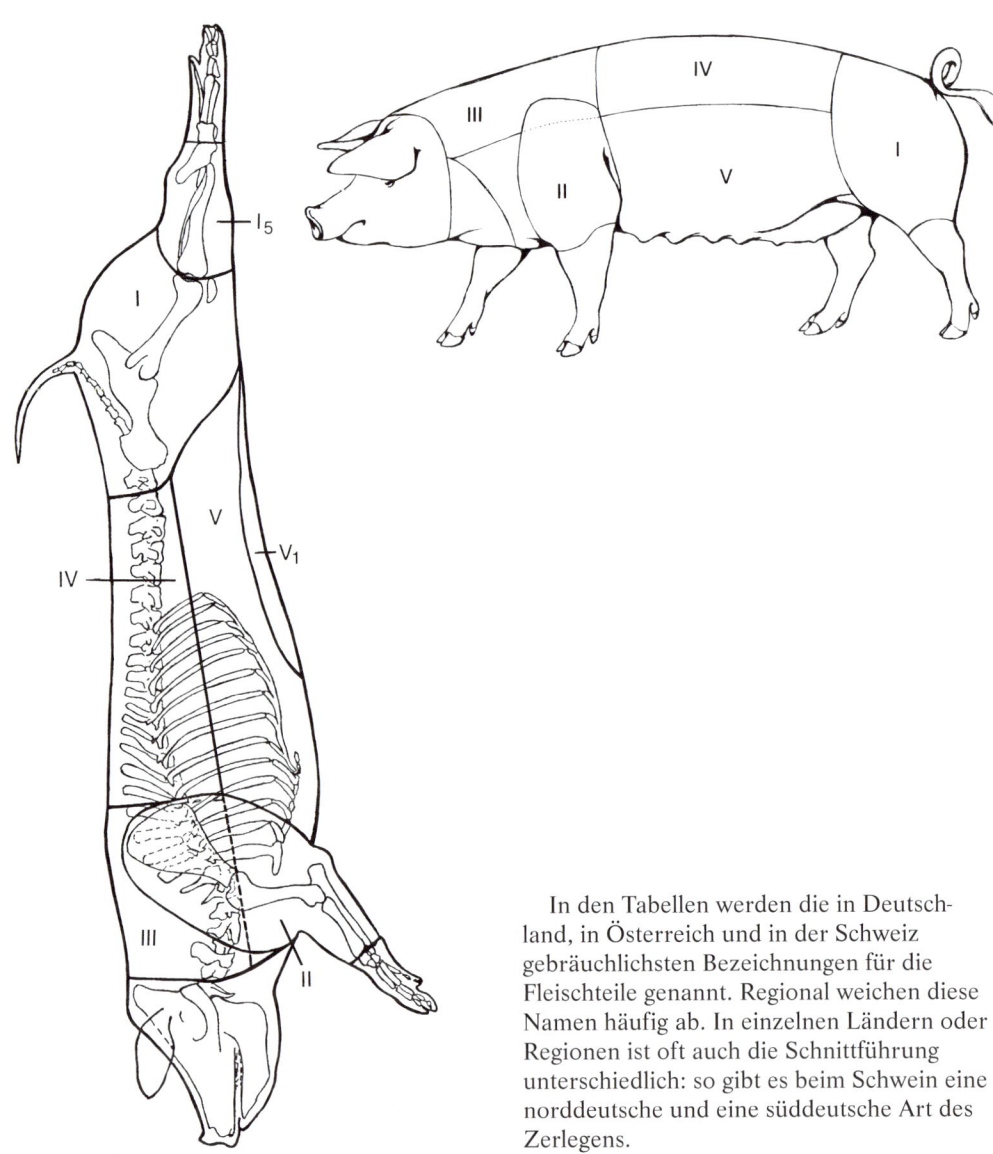

In den Tabellen werden die in Deutschland, in Österreich und in der Schweiz gebräuchlichsten Bezeichnungen für die Fleischteile genannt. Regional weichen diese Namen häufig ab. In einzelnen Ländern oder Regionen ist oft auch die Schnittführung unterschiedlich: so gibt es beim Schwein eine norddeutsche und eine süddeutsche Art des Zerlegens.

Die Fleischteile des Schweines und ihre Verwendung

	Deutschland	Österreich	Schweiz	Verwendung
I.	Schlegel Keule	Schlegel Schlögel	Schinken Stotzen	
1.	Oberschale Schnitzelstück	Schale Kaiserteil	Eckstück	Schnitzel, magere Steaks, Braten, roher Schinken, Kochschinken
2.	Unterschale Schinkenstück	Fricandeau	Unterspälte	
3.	Nuss Kugel	Nuss	Nuss	
4.	Mürbes Stück Hüfte	Schlussbraten Schluss	Huft	Braten
5.	Hinteres Eisbein, Haxe	Hinterstelze	Hinteres Wädli	gegrillte Haxe, Eisbein im Aspik, Knöchle
II.	Bug Schulter, Blatt	Schulter	Schulter	
1.	Dicker Bug Schulterbraten	Dicke Schulter	Dicke Schulter	Braten, geräucherter Vorderschinken, Schnitzel
2.	Schaufelstück und runde Schulter		Schulterspitz	Braten, Gulasch
3.	vorderes Eisbein	Vorderstelze Vorderer Wadl	Vorderes Wädli	gegrillte Haxe, Eisbein im Aspik, Knöchle
III.	Hals Kamm Nacken	Schopf Schopbraten Hals	Hals	Braten, Schnitzel, Steaks, geräucherter Schinken, gepökelter Hals
IV.	Kotelettstück	Kotelett	Karree	
1.	Kotelett Karree	Kotelett Rücken	Karree	Naturkoteletts, panierte Koteletts, gekochte Rippchen; ausgebeint: Kasseler, Steaks, Schnitzel
2.	Filet Lende	Filet Lungenbraten	Filet	gegrillte Lenden, gefüllte Lenden, Fondue
V.	Bauch	Bauch	Bauch	gepökelter Bauch, geräucherter Bauch, Siedfleisch, Grillbauch, gefüllter Bauch
1.	Griff			

Das Zerlegen von Rindern

Zerlegen in die groben Teilstücke

Oftmals werden beim Hausschlachten bzw. in Selbstvermarktungsbetrieben ganze Viertel verkauft. Dazu wird das Vorderviertel nach der zweiten bis vierten Rippe (von hinten gezählt) abgetrennt.

Wird eine Rinderhälfte komplett ausgebeint, so sollte man die groben Fleischstücke im Hängen abtrennen. Zunächst schneidet man den Bug ab. Die Schnittführung ist innerhalb der Wade parallel zur Schulter, sie ist richtig, wenn zwischen Bug und Schild Fett erscheint. Nun wird der Bug und der Schild auseinandergedrückt und bis auf das Blatt vorgeschnitten. Hier ritzt man die Knochenhaut an und drückt den Bug nach hinten. Die Schulter wird zwischen Schaufelknochen und Knorpel abgetrennt.

Nun schneidet man mit Säge und Messer den Hals unter der ersten Rippe im rechten Winkel ab. Als Nächstes wird der Lappen abgeschnitten. Die Schnittführung beginnt am Schlegel und führt an der Schoß entlang bis auf die erste Rippe von hinten, dann wird an der Rippe bauchwärts entlang geschnitten. Nun sägt man das Überzwerch vom Rücken her ab. Zunächst wird mit dem Messer das Fleisch von der Rippenspitze quer zu den Rippen vorgezeichnet. Der Schnitt endet oben, so dass nachher die Hochrippe geschlossen bleibt (siehe Kotelett beim Schwein, Seite 74). Die Säge wird beim Abtrennen schräg geführt, damit sie nicht klemmt. Nun trennt man nach der vierten Rippe (von hinten gezählt) die Hochrippe von der Schoß ab. Als Nächstes wird der Filetkopf im Schlegel ausgelöst und die Schoß unterhalb des Schlossknochens vom Schlegel abgesägt.

Die groben Fleischteile sind: Hals, Bug, Überzwerch, Hochrippe, Lappen, Schoß und Schlegel.

Zerlegen der Rinderkeule

Zunächst wird der Wadenknochen ausgelöst. Die Schnittführung beginnt unten an der großen Sehne und führt hoch bis an das Kniegelenk. Dieses wird durchtrennt, anschließend wird der Knochen herausgeschnitten. Nun wird die Schwanzfeder vom Schlossknochen abgelöst, danach wird der Schlossdeckel vom Schlossknochen abgetrennt. Es empfiehlt sich vor allem für Anfänger, den Schlossknochen in der Mitte an der engsten Stelle des Knochens durchzusägen. Zuerst wird der vordere, dann der hintere Teil des Knochens ausgelöst.

Zerlegen des Bugs

Auch hier wird zunächst die Wade ausgebeint. Hier werden der Schaufelkopf und beide Ränder der Schaufel mit dem Messer gelöst. Anschließend sticht man vom Schaufel-

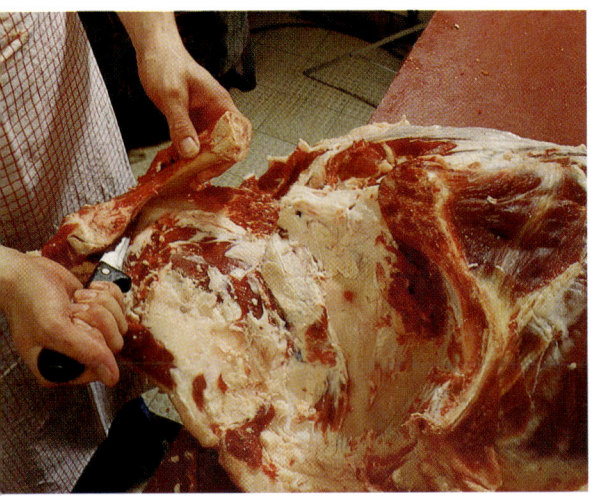

Ausbeinen des Schlossknochens – vordere Hälfte, hier Abkratzen der Knochenhaut mit dem Messerrücken

kopf aus mit dem Wetzstahl zwischen Schaufel und Fleisch und löst die Schaufel. Nun hängt die Schaufel nur noch an der Mitte der Unterseite. Man reißt die Schaufel vorsichtig heraus, indem man am Schaufelkopf zieht. Dabei schneidet man mit dem Messer etwas nach.

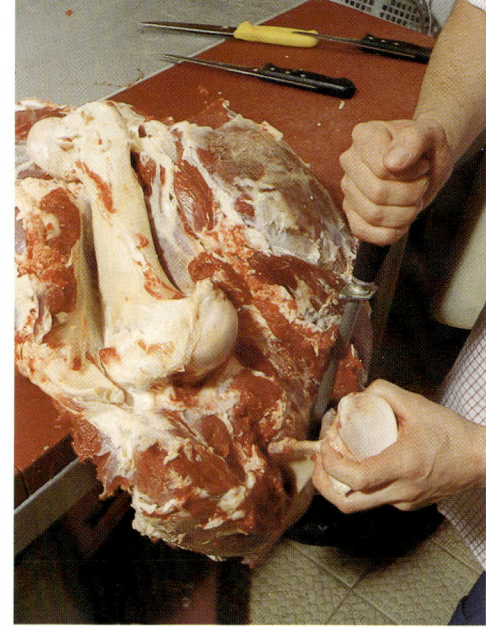

Lösen der Schaufel mit dem Wetzstahl

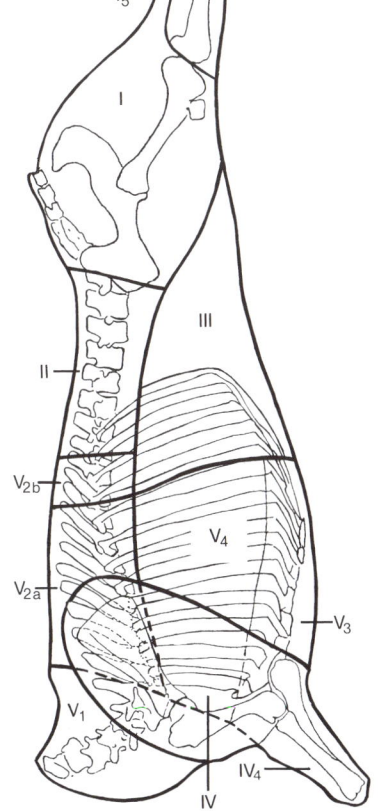

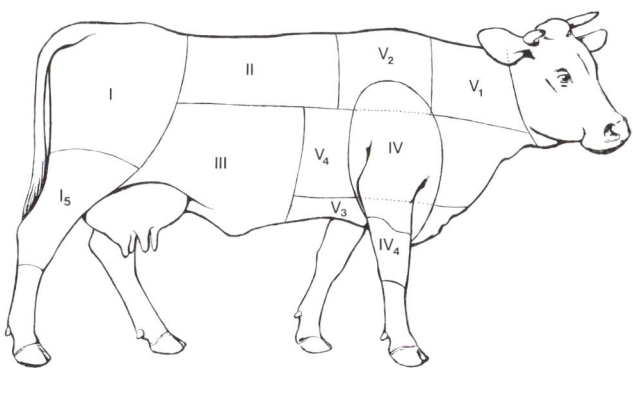

Die Fleischteile des Rindes
Siehe dazu Übersicht auf den Seiten 86 und 87

Die Fleischteile des Rindes und ihre Verwendung
a) Das Hinterviertel

	Deutschland	Österreich	Schweiz	Verwendung
I.	Schlegel Keule	Knöpfel Schlögel	Stolzen Stummel	
1.	Oberschale Oberschlag Kluft, Eckle a) Eckstück b) rundes Stück	Schale	Eckstück	Rouladen Braten
2.	Unterschale Schwanzstück Pökelstück a) Tafelspitz b) Schwanzrolle c) Unterschale	langer Schlögel Tafelspitz wießes Scherzel langer Schlögel	Unterspälte Huftdeckel Runder Mocken Unterspälte	 Braten Spickbraten Rouladen, Spickbraten Sauerbraten
3.	Kugelstück Nuss, Vorschlag a) Bürger- meisterstück, Pastorenstück	Zapfen Nuss Hüferschwanzl	Vorschlag weißes Stück	Braten, Sauerbraten Braten
4.	Hüftstück Mürbe Schoß	Hüfte Huferl	Huft	bestes Bratenstück
5.	Wade	Waden	Schenkel	Braten, Siedfleisch, Gulasch
II.	Schoß			
1.	Rostbeef Rostbraten	Beiried	Rostbeef	Rostbraten, Rostbeef
2.	Filet Lenden Schlachtbraten	Lungenbraten Filet	Filet	Beefsteak, gefüllte Lenden, Filetgulasch, Fondue
III.	Lappen Bauchlappen Dicke Weich	Bauchfleisch	Dicker Lempen	Suppenfleisch, Siedfleisch

b) Das Vorderviertel

	Deutschland	Österreich	Schweiz	Verwendung
IV.	Bug Schulter	Mageres Meisel	Schulter	
1.	Falsches Filet Judenschlacht-braten Rundes Blatt		Schulterfilet	Braten
2.	Dickes Bug-stück Dickes Blatt Schieres Stück	Dicke Schulter	Dicke Schulter	Braten, Sauerbraten, auch Rouladen
3.	Bugblatt Schaufelstück Schaufelbraten	Schulterscherzl	Schulterspitz	Braten
4.	Wade Vorderhesse	Vorderes Pratzl	Vorderer Schenkel	Braten, Siedfleisch, Gulasch
5.	Bugstück Bugrolle	Bugscherzl	Bug	Braten, Gulasch
6.	Ellenbogen-stück			
7.	Blattdeckel	Kavalierspitz	Schulterdeckel	
V.	Schild			
1.	Hals	Hals	Hals	Braten, Gulasch, Siedfleisch
2.	Hochrippe a) Fehlrippe Abgedeckte Rippe	Hinteres Ausgelöstes	Abgedeckter Rücken	Braten
	b) Hochrippe Hohrücken	Rostbraten	Hohrücken	Rostbraten, Braten
3.	Brustkern Brust	Brustkern	Brust	bestes Siedfleisch, Braten
4.	Überzwech	Zwerchspitz	Federstück	Siedfleisch

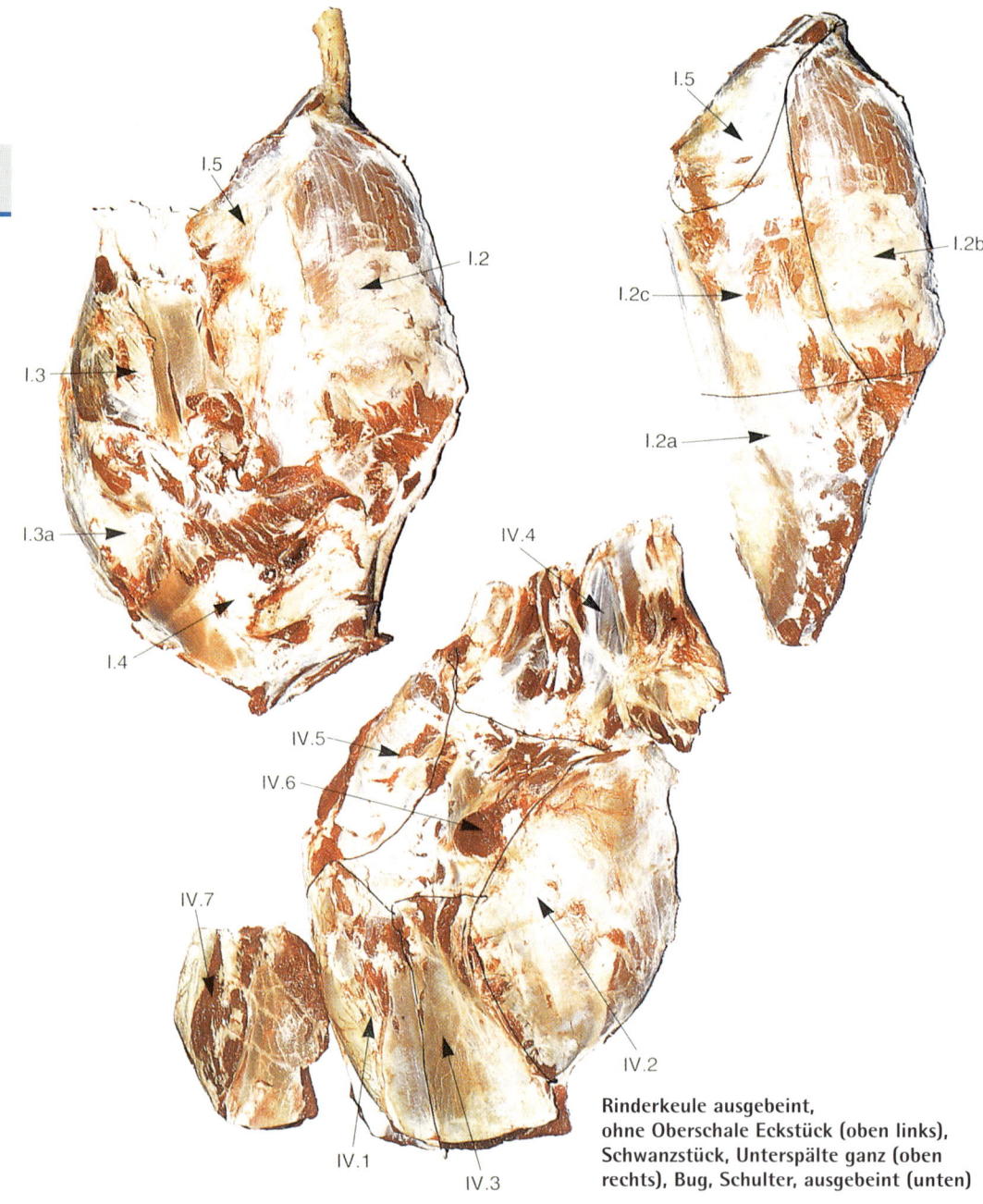

I.5

I.2

I.3

I.3a

I.4

I.5

I.2b

I.2c

I.2a

IV.4

IV.5

IV.6

IV.7

IV.2

IV.1

IV.3

Rinderkeule ausgebeint,
ohne Oberschale Eckstück (oben links),
Schwanzstück, Unterspälte ganz (oben
rechts), Bug, Schulter, ausgebeint (unten)

Das Zerlegen von Kälbern und die Verwendung der Fleischteile

Die groben Teilstücke werden wie beim Rind abgetrennt. Der Rücken einschließlich Hals wird vom Hals aus gesehen nach dem Knorpel abgetrennt. Der eigentliche Hals wird ausgebeint. Die Koteletts können unausgebeint oder ausgebeint weiterverarbeitet werden. Die groben Fleischteile sind: Schlegel, Kotelett mit Filet, Bauch oder Lappen, Brust, Bug und Hals.

Gefüllte Kalbsbrust

Aus der Brust werden die Rippen ausgelöst, anschließend wird in die Brust eine Tasche geschnitten, so dass sie von drei Seiten geschlossen bleibt. Nun wird eine Füllung angefertigt, dazu hat wohl jede Hausfrau ihr eigenes Rezept. Die Füllung wird in die Brust gefüllt, die Brust an der offenen Seite zugenäht und angebraten.

Kalbsnierenbraten

Dazu wird der Lappen (Bauch) sauber entfettet. Man verwendet gewöhnlich Schweinsnieren, selbstverständlich können die Kalbsnieren mitverarbeitet werden, in der Regel reichen sie aber nicht aus. Nun werden die Nieren in den Bauch gerollt, vor dem Rollen wird der Braten innen mit Salz, Pfeffer und etwas Muskat gewürzt. An jeder Stelle sollte eine Niere liegen. Anschließend wird der Braten in ein Netz gezogen.

Kalbskotelett

Kalbskoteletts werden wie Schweinskoteletts vorgeschnitten und gehackt, sie können auch ausgebeint werden. Kalbskoteletts werden entweder paniert oder einfach natur angebraten.

Kalbsschnitzel

Diese werden aus der Oberschale, der Unterschale (Fricandeau), eventuell aus der Nuss geschnitten.

Das Zerlegen von Schafen und Ziegen

Zerlegen und Ausbeinen

Wie die anderen Schlachttiere werden auch Schafe und Ziegen zunächst in die groben Teilstücke zerlegt. Die Tiere sind dabei in der Regel nicht gespalten. Zunächst werden beide Schultern abgetrennt, dann schneidet man auf beiden Seiten den Bauch vom Schlegel aus entlang des Rückens bis zu den Rippen ab. Nun werden die Rippen zwischen Brust und Rücken durchgesägt. Der Bauch bleibt mit der Brust an einem Stück. Jetzt sind der Rücken mit Hals und die beiden Schlegel übrig. Die Filets bleiben am Rücken, die Lendenköpfe werden nicht ausgelöst. Der Rücken wird dort abgesägt, wo die Schlossknochen beginnen. Nun trennt man die beiden Schlegel mit der Säge in der Mitte. Der Hals wird im Bereich der Knorpel vom Rücken getrennt, wobei die Knorpel am Hals bleiben.

Die groben Fleischteile sind: Keule, Schulter (Bug), Brust, Rücken und Hals.

Bei einer Hausschlachtung ist es oft üblich, die groben Teilstücke mit dem Spalter zu Portionen zu zerhacken, so dass die Knochen im Fleisch bleiben. Es gibt aber auch bessere Methoden, die zwar mit mehr Aufwand verbunden sind, sich aber sicherlich lohnen.

Am Schlegel und an der Schulter trennt man die Haxen im Gelenk ab. Die Haxen werden zwei- bis dreimal durchgesägt, sie können auch ausgebeint und als Ragout verwendet werden. Die Schulter wird im Schultergelenk quer durchgeschnitten, das ergibt zwei schöne

Braten. Diese können jeweils nochmals halbiert werden, indem man entlang der Schaufel bzw. entlang des Rohrknochens die Stücke trennt. An der Keule schneidet man von oben entlang des Schlossknochens. Dieser wird aber nicht ausgelöst, sondern das Hüftgelenk wird durchtrennt, anschließend wird der Schnitt im rechten Winkel zur Keule fortgesetzt. Aus der Keule kann der Rohrknochen ausgelöst werden, man erhält so die Oberschale, die Unterschale und die Nuss. Das Teilstück mit dem Schlossknochen wird in der Mitte durchgehackt. Bei kleineren Tieren wird der Rohrknochen oft aus der Keule herausgehöhlt, dabei wird die Keule nicht zwischen der Oberschale und der Nuss aufgeschnitten. Der Schlossknochen wird zunächst ausgebeint. Nun werden am Rohrknochen die beiden Knochenköpfe ringsherum mit dem Messer gelöst. Das Kniegelenk bleibt an der Keule und wird später herausgeschnitten. Ist man von beiden Seiten am Knochenrohr angelangt, dreht man den Rohrknochen solange herum, bis er vollständig in der Mitte gelöst ist. Dazu drückt man die Keule am besten auf den Tisch. Nun zieht man den Knochen durchs Fleisch nach außen. Die Keule wird nun noch sauber zugeschnitten, so erhält man ein schönes Fleischstück, das gebraten oder gegrillt werden kann.

Die Brust kann gehackt werden, man kann aber auch die Rippen auslösen. Wenn die Brust ausgebeint wird, bleibt der Bauch daran. So kann man einen Rollbraten anfertigen. In diesen Braten kann der ausgebeinte Hals und die anderen beim Zerlegen anfallenden Abschnitte eingewi-ckelt werden. Ein Rollbraten wird mit Salz, Pfeffer und etwas Knoblauch innen gewürzt. Die weitere Verarbeitung ist gleich wie beim Schweinerollbraten. Diese Methode eignet sich sehr gut für Gaststätten. Es können so sehr gut gleichmäßige Portionen angeboten werden, z.B. eine Scheibe von der Keule und eine Scheibe Rollbraten.

Der Hals wird in Stücke gehackt oder, wie bereits erwähnt, ausgebeint. Der Rücken kann am Stück angebraten, gegrillt oder auch zu Koteletts gehackt werden. Lammkotelett ist eine Spezialität, die von Kennern sehr geschätzt wird. Der Rücken wird dazu nicht in der Mitte gespalten, die Filets bleiben ohne Köpfe am Rücken. Die Dicke der Koteletts sollte ca. 1,5 cm betragen. Sie werden auf jeder Seite mit dem Messer vorgeschnitten. Das Rückgrat wird mit dem Spalter durchgehackt.

Alte Tiere werden in der Mitte gespalten. Die Tiere werden vollständig ausgebeint, das ist eine aufwändige Arbeit. Bei der Verarbeitung zu Wurst ist wichtig, dass das Fleisch sauber entsehnt und entfettet wird. Die Keulen können häufig noch zu Sauerbraten verwendet werden.

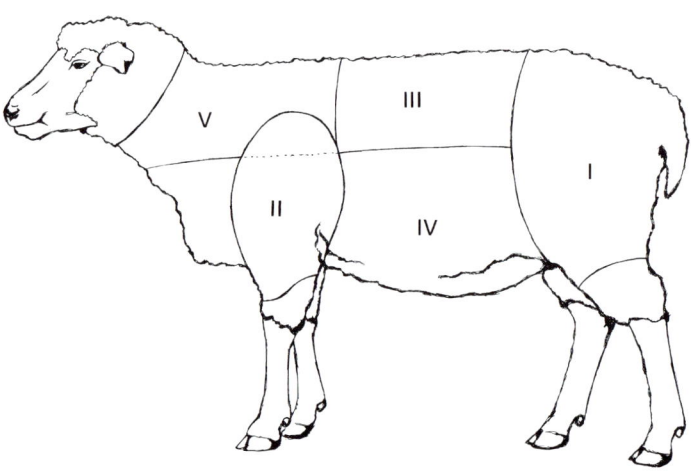

Die Fleischteile des Schafes und ihre Verwendung

	Deutschland	Österreich	Schweiz	Verwendung
I.	Keule Schlegel	Schlögel	Schlegel Gigot	komplett oder in Teilstücken gegrillt oder gebraten
1.	Oberschale Backstück		Eckstück	Abschitte für Gulasch oder Ragout
2.	Unterschale Unterschlegel Unterer Schlegel		Unterspälte	
3.	Nuss		Nuss	
4.	Hüfte		Huft	
5.	Haxe Hachse		Hachse	
II.	Bug Schulter Blatt	Schulter	Schulter	Hammelbraten
III.	Rücken	Rücken	Karree	Kotelett, gegrillter Rücken
1.	Kotelett (6.–13. Rippe) Rippenstück Sattel			
2.	Lende (1.–5. Lendenwirbel) Nierstück Rückenstück	Rücken	Nierstück	
3.	Filet	Lungenbraten	Filet	bleibt am Kotelett; auch für Filetgulasch oder Fondue
IV.	Brust	Brust Brüstel	Brust	ausgebeint zu Rollbraten, gefüllte Hammel- bzw. Lammbrust
1.	Brust Rippen			
2.	Bauch Dünnung	Bauch Lappen	Bauchfleisch	
V.	Hals (1.–6. Halswirbel)	Hals	Hals	Braten, ausgebeint zu Rollbraten, Gulasch

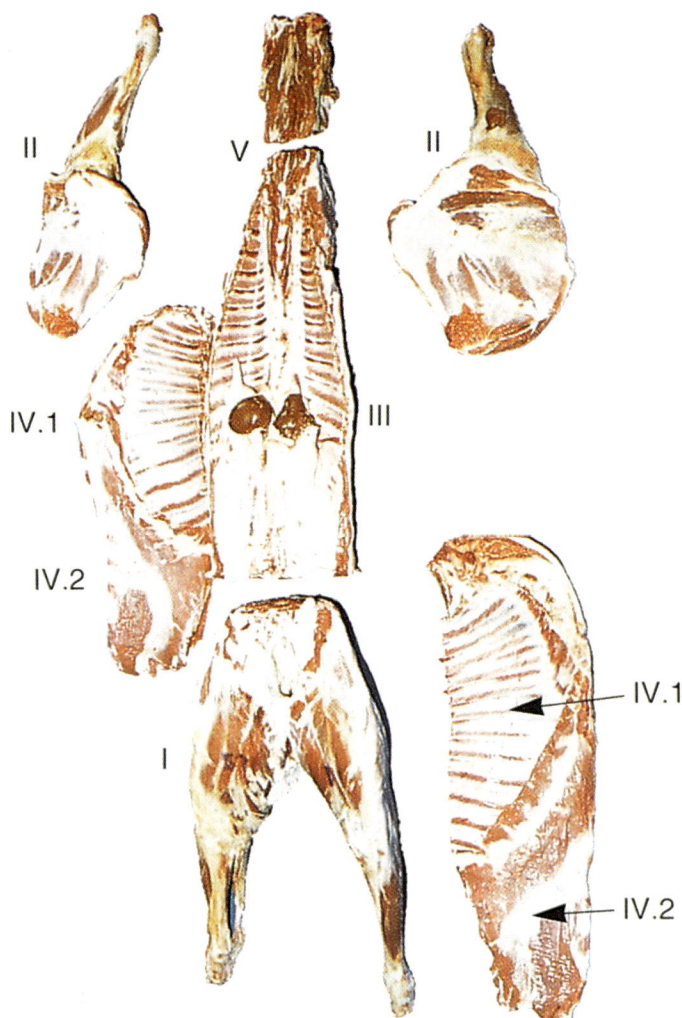

Lamm, grob zerlegt. Die Ziffern beziehen sich
auf die Ziffern in der Tabelle Seite 91

Wursten

94

Die Wurstherstellung ist der umfangreichste Bereich in der Hausschlachterei. Viele Leute schlachten heute noch zu Hause, weil sie etwas herstellen wollen, das dem eigenen Geschmack entspricht. Der eine will Knoblauchgeschmack, der andere kann Majoran nicht ausstehen und lässt ihn deshalb weg. Es gibt auch große regionale Unterschiede. In manchen Gegenden Unterfrankens wird kein Muskat verwendet, was hingegen in Württemberg undenkbar wäre. Manch einer will gesundheitsbewusst Wurst herstellen und arbeitet ohne Nitritpökelsalz oder sonstige Zusatzstoffe.

Auch bei der Verwendung der Rohstoffe gehen die Meinungen sehr weit auseinander. Viele können sich eine Bratwurst ohne Rindfleisch nicht vorstellen, in anderen Gegenden ist das wiederum ganz üblich. Es gibt Leute, die keine gekochten Schwarten in der weißen Presswurst wollen, was eigentlich nicht normal ist, da diese Wurst zu den Sülzwürsten gehört, der Name sagt ja schon alles. Man könnte so fortfahren, hier gibt es nichts, was es nicht gibt. Die Rezeptanleitungen werden deshalb sehr allgemein gefasst, es werden also keine Gewichtsangaben zu den Gewürzen gemacht. Es kann natürlich auch vorkommen, dass im Rezept ein Gewürz erwähnt ist, das mancher nicht hinzugibt, oder es fehlt eines, ohne das sich der eine oder andere eine Wurstsorte nicht vorstellen kann. Es wird auch nicht beschrieben, wieviel Schwarten in die Blutwurst gegeben werden. Es soll jeder selbst herausfinden, wie es ihm am besten schmeckt.

Ein guter Ratschlag ist folgender: Man sollte beim Wurst machen alle Zutaten abwiegen und die Mengen notieren, so dass man beim nächsten Mal gezielt das Rezept verändern kann, wenn z. B. die Blutwurst nicht schnittfest war oder in der Leberwurst zu viel Salz. Man sollte nicht gleich ungeduldig werden, wenn es das erste Mal nicht klappt, beim Wurst machen hat noch jeder Lehrgeld zahlen müssen. Vielleicht sollte man am Anfang besser kleinere Mengen herstellen, dafür aber öfter einen Versuch machen. Wenn Sie mit Ihren Rezepten Ihre Vorstellungen erreicht haben, werden Sie umso stolzer die Wurstplatte Ihren Freunden und Bekannten servieren.

Einteilung der Wurstsorten

Ich führe hier nur eine Möglichkeit der Wursteinteilung an. Natürlich gibt es noch zahlreiche andere Unterscheidungsmöglichkeiten. Ebenso ließe sich die Reihe der Wurstsorten jeweils noch fortsetzen.

Siehe Übersicht auf der rechten Seite.

Wurstherstellung

Gewürze und Zusatzstoffe

Salz

Salz wird in Form von Kochsalz oder Nitritpökelsalz eingesetzt. Bei der Kochwurstherstellung wird meist Kochsalz verwendet, anders sieht es bei der Brühwurstherstellung aus. Dort wird mit wenigen Ausnahmen (z. B. Gelbwurst, feine Bratwurst) mit Nitritpökelsalz gearbeitet. Dieses Salz hat unter anderem eine umrötende Funktion, so dass die fertigen Produkte ein rötliches und kein graues Aussehen haben. Im Geschmack bzw. bei der Technologie der Wurstherstellung unterscheiden sich Koch- und Nitritpökelsalz nicht voneinander.

Salz ist ein Zusatzstoff, der in der Wurstfabrikation nicht wegzudenken wäre. Man stelle sich eine salzlose Wurst vor, wie eine versalzene wäre sie so gut wie ungenießbar. Die Brühwurstherstellung ohne Salz wäre auch aus technischen Gründen nicht möglich,

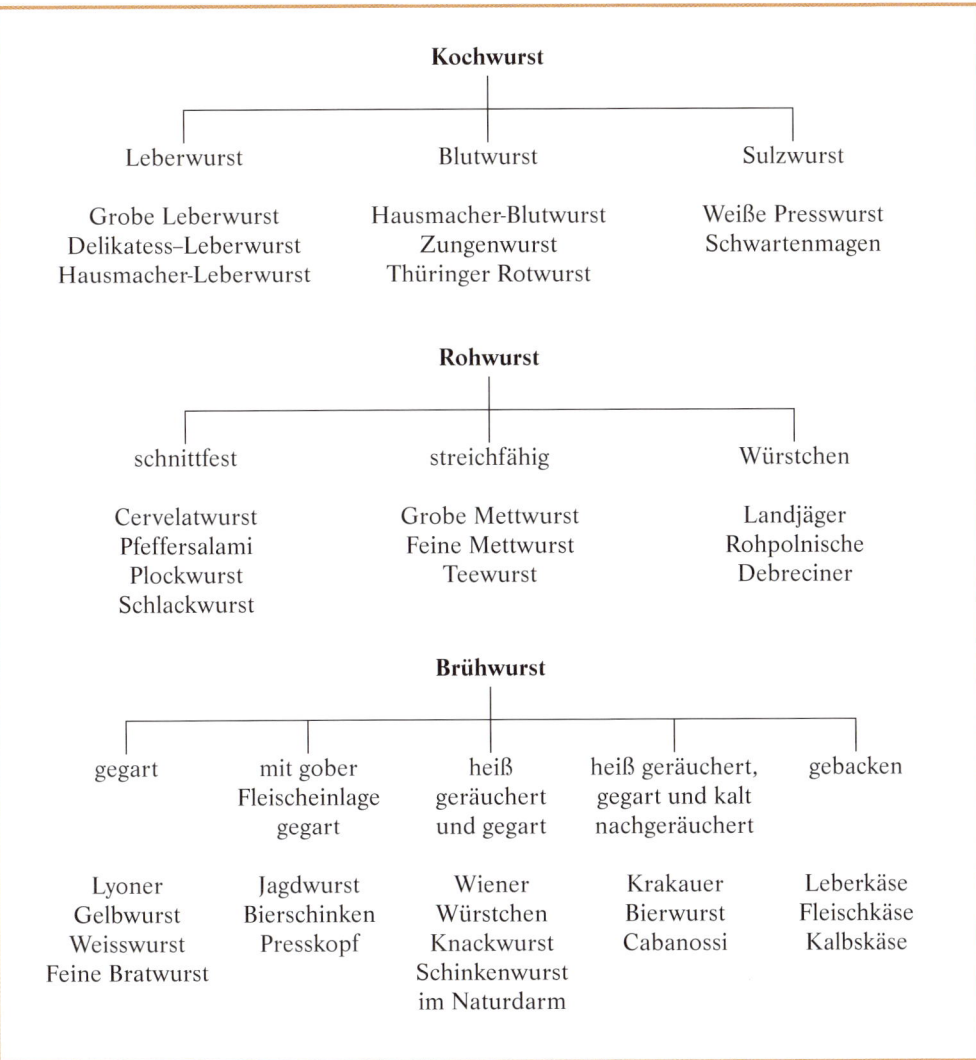

Kochwurst

Leberwurst	Blutwurst	Sulzwurst
Grobe Leberwurst	Hausmacher-Blutwurst	Weiße Presswurst
Delikatess–Leberwurst	Zungenwurst	Schwartenmagen
Hausmacher-Leberwurst	Thüringer Rotwurst	

Rohwurst

schnittfest	streichfähig	Würstchen
Cervelatwurst	Grobe Mettwurst	Landjäger
Pfeffersalami	Feine Mettwurst	Rohpolnische
Plockwurst	Teewurst	Debreciner
Schlackwurst		

Brühwurst

gegart	mit gober Fleischeinlage gegart	heiß geräuchert und gegart	heiß geräuchert, gegart und kalt nachgeräuchert	gebacken
Lyoner	Jagdwurst	Wiener Würstchen	Krakauer	Leberkäse
Gelbwurst	Bierschinken	Knackwurst	Bierwurst	Fleischkäse
Weisswurst	Presskopf	Schinkenwurst im Naturdarm	Cabanossi	Kalbskäse
Feine Bratwurst				

denn das Salz hat außerdem die Aufgabe, das Eiweiß in der Wurst zu binden, damit sie nachher schnittfest wird.

Man sollte sich aber in der Salzzugabe so beschränken, dass das Fertigprodukt nicht salzherb schmeckt.

Gewürze

Auch in der modernen Hausmetzgerei sollte man ungemischte Naturgewürze (Pfeffer, Muskat usw.) verwenden, denn dadurch kann die „persönliche Note" zum Ausdruck gebracht werden. Im Fachhandel werden auch

Im Hintergrund von links nach rechts verschiedene Leberwürste, Blutwurst, Zungenwurst, Rote Presswurst, Weiße Presswurst.
Davor Leber- und Blutwurst im Kranz

„Fertiggewürze" für jede Wurstsorte angeboten. In diesen Mischungen sind die einzelnen Gewürze bereits aufeinander abgestimmt, der Wurst muss nur noch Salz und die Fertigmischung zugegeben werden. Diese Mischungen können durch das eine oder andere Gewürz ergänzt werden, aber Gewürze, die man nicht mag, können nicht herausgenommen werden. Die individuelle Geschmacksrichtung kann also nicht mehr voll zum Ausdruck gebracht werden.

In der Praxis werden bei der Herstellung von Kochwurst meist Naturgewürze eingesetzt. Diese Sorten sollen im Geschmack gar nicht so fein abgestimmt sein. Eine gute Lösung ist auch, mit Naturgewürzen zu arbeiten und durch Zugabe einer Fertigmischung den Geschmack noch etwas abzurunden.

In der Brühwurstherstellung wird fast ausschließlich mit Fertigmischungen gearbeitet. Hier soll die Geschmacksrichtung so fein ausgerichtet sein, dass das Würzen mit Naturgewürzen fast unmöglich ist. Die Fertigmischungen sind von den Herstellern durch Zugabe der verschiedensten Gewürze bzw. Extraktstoffe in nur geringen Mengen sehr fein aufeinander abgestimmt. Für jede Sorte werden spezielle Mischungen angeboten. Da aber bei einer Hausschlachtung oft nur kleine Mengen von jeder Sorte hergestellt werden, ist es so gut wie unmöglich, sich für jede Sorte die spezielle Mischung zu besorgen. Im Fachhandel sind oft nur Packungen von 1 kg und mehr erhältlich. Zum einen wird das teuer, zum anderen leidet die Qualität der Gewürze unter längerer Lagerungszeit.

Man kann sich aber auch auf zwei oder drei dieser Mischungen beschränken. Den Rest kann man durch Zugabe eines oder mehrerer Naturgewürze ausgleichen. Nachfolgend werden einige Beispiele genannt:
Bierschinken: Aufschnittgewürz, Mazisblüte und Koriander
Fleischkäse: Aufschnittgewürz und Zwiebeln
Lyoner: Aufschnittgewürz
Presskopf: Aufschnittgewürz und Pfeffer

Kutterhilfsmittel

Die Verwendung dieser Mittel ist gesetzlich geregelt. Schlachtwarmem Fleisch brauchen und dürfen keine Kutterhilfsmittel zugegeben werden. Bei der Beschreibung der Salzverwendung zur Brühwurstherstellung wurde bereits erwähnt, dass Salz eine bindende Wirkung hat. Wollte man jedoch durch die Salzzugabe eine ausreichende Bindung erreichen, wäre die Wurst ungenießbar. Deshalb wird zusätzlich das Kutterhilfsmittel eingesetzt. Es gibt verschiedene Arten dieser Bindemittel, ich beschreibe hier lediglich Phosphat. Es dürfen nur 3 g Phosphat auf 1 kg Fleisch- und Fettmenge beigegeben werden. Einlagenfleisch (Würfel zu Bierschinken, Steifen zu Presskopf usw.) darf kein Bindemittel zugegeben werden, außerdem muss beim Fertigprodukt „mit Phosphat" ausgewiesen werden.

Umrötehilfsmittel

Die Umrötung erfolgt in der Regel durch das Nitritpökelsalz. Durch das „Rötemittel", wie es in der Umgangssprache heißt, wird das jedoch intensiviert, die Farbe wird dadurch kräftiger.

Sortiment Halbdauer- und Dauerwaren:
geräucherter Hals, Rohpolnische, Bierwurst, Grobe Mettwurst, Krakauer, (vorne von links nach rechts). Geräucherter Schinken und Feine Mettwurst (hinten)

Die Verwendung der Därme

Bei einer Hausschlachtung ist es üblich, die Därme zu reinigen und zu verwenden (siehe hierzu auch Seite 52ff.). Wenn sie jedoch nicht ausreichen bzw. man besondere Wünsche hat, kann man im Fachhandel verschiedenste Arten und Sorten Därme zukaufen.

Naturdärme
Naturdärme vom Rind, Schwein, Schaf, sortiert nach Kaliber, finden Verwendung in der

Sortiment Brühwurst

Koch-, Brüh- und Rohwurstherstellung, hauptsächlich jedoch bei der Kochwurst. Einige Beispiele siehe Seite 98 und 99.

Schwein
- Bratdärme: Leberwurst, Blutwurst, Bratwurst, Rohpolnische, Landjäger, Knackwurst
- Fettenden: Leberwurst, Mettwurst
- Krausdärme: Blutwurst

- Mägen, Butten: Presswurst, Zungenwurst –
- Blasen: Presswurst, Zungenwurst, Bierwurst

Rind
- Kranzdärme: Leberwurst, Blutwurst, Schinkenwurst, Krakauer
- Mitteldärme: Leberwurst, Flutwurst, Krakauer, Salami
- Butten: Presswurst, Zungenwurst, Presskopf, Bierschinken

Schaf
- Saitlinge: Wiener Würstchen (Saiten), Debreziner

Sterildärme
Diese Därme sind luftdicht, können also nicht angeräuchert werden. Sie werden hauptsächlich zur Herstellung von Brühwurst (Lyoner, Schinkenwurst, Bierschinken, Presskopf usw.) verwendet und sind in verschiedenen Größen, teilweise auch bunt bedruckt, erhältlich.

Naturindärme
Naturindärme sind aus Naturfasern hergestellt, luftdurchlässige Wursthüllen, sie können somit für Wurstsorten verwendet werden, die reifen bzw. angeräuchert werden sollen. Das ist in erster Linie Rohwurst (Salami, Mettwurst usw.), aber auch Halbdauerwaren wie Krakauer, Bierwurst, usw. oder Brühwurst wie Bierschinken oder Presskopf, wenn diese ungeräuchert werden soll. Auch hier wurden nur Beispiele aufgezählt, man kann für viele Wurstsorten auch andere Därme verwenden.

Behandlung der Därme vor dem Füllen

Die gesäuberten Därme vom eigenen Schwein werden in handwarmem Wasser gewässert – Essig und Kochsalz zugeben, das nimmt den typischen Darmgeruch. Zugekaufte Naturdärme werden ebenfalls gewässert (hier kann man auf Essig und Salz verzichten, da diese Därme bereits behandelt wurden). Vor dem Abbinden bzw. Füllen die Därme mit klarem, handwarmem Wasser durchspülen und ausstreichen. Vor dem Füllen kommen die Därme nochmals in einen Eimer mit warmem, sauberem Wasser. Dieses Wasser sollte durch Zugabe von heißem Wasser stets warm gehalten werden, so bleiben die Därme schön geschmeidig. Steril- und Naturindärme werden ebenfalls in warmem Wasser gewässert. Unmittelbar vor dem Füllen werden die Därme aus dem Wasser genommen und ausgestreift. Kunst- bzw. Naturindärme werden zusätzlich ausgeschüttelt. Wird Rohwurst in Naturdärme gefüllt, sollten diese möglichst trocken sein, Naturindärme werden deshalb in diesem Fall nicht gewässert.

Füllen und Abbinden bzw. Abdrehen der Därme

Flüssige Wurstmasse (Kochwurst) wird beim Hausschlachten gewöhnlich mit dem Handtrichter gefüllt. Dabei wird der Darm auf den Trichter gezogen und mit einer Hand hochgehalten, damit die Masse nach unten entweichen kann. Die Masse wird mit einem Schöpfer in den Trichter geschüttet. Die eingefüllte Wurstmasse sollte im Darm einige Male leicht nach oben gestreift werden, damit die unerwünschte Luft aus dem Darm entweicht. Bei dieser Wurstmasse ist es sehr wichtig, sie immer wieder in der Schüssel umzurühren, um ein Absetzen der Fleischmasse von der Brühe bzw. vom Blut zu vermeiden. Manche Metzger füllen die Kochwurst auch mit der Hand statt mit dem Schöpfer. Dabei wird der Trichter mit aufgezogenem Darm mit der einen Hand in die Wurstmasse gehalten und mit der anderen Hand wird die Masse in den

Links: Füllen von Kochwurst mit dem Handtrichter
Rechts, oben: Füllen von Bratwurst mit der Füllmaschine (Handfüller)
Rechts unten: Abgebundene Därme zum Füllen

Trichter gedrückt. Hierbei besteht vor allem
bei Blut- und Presswürsten die Gefahr, dass
das grobe Material in den Darm gepresst wird
und die flüssige Masse beim Drücken aus
dem Trichter entweicht.

Wurstmasse mit fester Beschaffenheit
(Brat-, Roh- und Brühwurst) muss mit dem
Fleischwolf mit Füllvorrichtung bzw. der
Wurstfüllmaschine gefüllt werden. Hier ist
ebenfalls auf luftfreies Füllen zu achten. Sollte
dennoch Luft in den Darm gelangen, sticht
man mit einer Nadel an, so kann die Luft
nach außen entweichen.

Das Füllen von Naturdärmen erfordert Fingerspitzengefühl. Werden sie zu prall gefüllt,
platzen sie schon beim Füllen bzw. nachher
beim Kochen. Vor allem bei den Dünndär-
men vom Schwein bzw. den Saitlingen muss
berücksichtigt werden, dass sie nach dem Füllen noch angebunden oder abgedreht werden.
Bei den Naturin- bzw. Sterildärmen sieht das

anders aus, sie müssen stramm gefüllt sein,
sonst wirft der Darm nach dem Kochen
Falten.

Die dicken Naturdärme werden, nachdem
sie ausgewaschen sind, auf eine Länge von
25–40 cm abgeschnitten (je nach Durchmes-

Abdrehen von Bratwurst

Darmdurchmesser entspricht. Wird Leber- oder Blutwurst in Schweinedünndärme gefüllt, werden von der ganzen Darmschnur Stücke von ca. 1–1,5 m abgeschnitten, die nach dem Füllen zu einem großen Ring abgebunden werden. Dieser große Ring wird in einzelne Würstchen von ca. 80–100 g abgebunden, das sind die so genannten Wurstkränze. Nach dem Füllen genügt bei den Naturdärmen zum Zubinden des Darmes wieder ein normaler doppelter Knoten.

Wird Wurstmasse mit fester Beschaffenheit in Schweinedünndärme oder Saitlinge gefüllt, werden die ganzen Schnuren auf das Füllhorn der Wurstfüllmaschine bzw. Fleischwolf gezogen. Nach dem Füllen werden die einzelnen Würstchen nicht abgebunden, sondern nur abgedreht.

Sterildärme bzw. Naturindärme müssen nach dem bereits beschriebenen strammen Füllen sehr fest angebunden werden, sonst kann es leicht vorkommen, dass der Knoten während des Heißräucherns bzw. Kochens verrutscht und der Darm aufgeht. Deshalb wird hier über Kreuz abgebunden. Am besten

ser des Darmes). Anschließend werden sie vor dem Füllen auf einer Seite angebunden. Dabei genügt ein gut angezogener doppelter Knoten. Dieser muss so gelegt sein, dass der ganze Darm im Knoten liegt – es sollte aber auch kein Zipfel von 5 cm nach außen stehen. Den Knoten darf man nicht zu stark anziehen, da sonst der Darm unter Umständen mit dem Wurstgarn durchgeschnitten wird. Beide Schnurenden sollten eine Länge von ca. 10 cm haben, sie werden am anderen Ende verknotet, dadurch kann die Wurst nach dem Kochen bequem aufgehängt werden. Naturin- und Sterildärme sind beim Kauf bereits auf einer Seite geschlossen. Kranzdärme werden gewöhnlich nach dem Füllen zu Ringen abgebunden, wobei die Größe des Ringes dem

Abbinden von Sterildärmen

bindet man ein Stück Wurstgarn an der Stirnseite des Tisches an. Der Darm wird mit einer Hand nach dem Füllen fest zugehalten, mit der anderen Hand wird mit dem Bindefaden ein Knoten auf das Darmende gezogen. Da der Faden auf der einen Seite am Tisch befestigt ist, kann man hier stark ziehen. Ist erst einmal ein Knoten auf den Darm gelegt, kann der Darm losgelassen werden. Nun wird der Bindfaden verdreht und schließlich noch eine Schlinge über den Knoten gezogen.

Kochen und Garen der Wurst

Sind die Würste gefüllt bzw. kommen sie bereits aus dem Heißrauch, werden sie im Kessel gegart. Kochwürste im Naturdarm werden bei einer Temperatur von 80–85 °C gekocht, Kochwurst im Sterildarm und sämtliche Brühwurst wird bei 78 °C gegart. Bei Brühwurst und Delikatessleberwurst muss die Temperatur ziemlich genau eingehalten werden, da es sonst leicht zum Fett- bzw. Geleeabsatz kommt. Wichtig ist ebenfalls, dass die Temperatur nicht zu stark nach unten abweicht, da sonst ein Durchgaren der Wurst nicht gewährleistet ist. In den folgenden Wurstrezepten sind Garzeiten angegeben, diese sind jedoch nur als Richtwerte zu betrachten. In modernen Fleischereien wird heute Wurst nach der „Kerntemperatur" gegart. Dabei wird die Gartemperatur der Wurst mit einem Fleischthermometer kontrolliert, das man in den Kern der Wurst sticht. Die Richtwerte liegen bei Kochwurst um 70 °C, bei Brühwurst um 65 °C. Die Wurst muss während des Kochprozesses mehrere Male mit einem Stock bzw. dem Kochlöffel gewendet werden, damit sie nicht einseitig durchgart. Vorteilhaft ist es, einen „Schwimmer" auf die Wurst im Kessel zu legen, das ist ein deckelähnlicher Lattenrost, durch den die Würste unter Wasser gedrückt werden, was auch für das Abkühlen sehr gut ist. Nach dem

Kochen werden die Naturdärme kurz ins kalte Wasser getaucht, dadurch wird das anhaftende Fett abgespült. Anschließend werden die Würste zum Abkühlen auf einen Tisch gelegt. Man muss die Därme mehrmals wenden, damit sich die Masse nicht absetzt. Im Sommer oder in einem warmen Raum ist aber Vorsicht angebracht, da die Wurst hier u. U. zu langsam abkühlt und leicht sauer werden kann. Kunstdärme werden in kaltem Wasser abgekühlt, wenn das Wasser sich dabei zu stark erwärmt, wird das Ganze noch einmal mit kaltem Wasser wiederholt. Im Anschluss wird die Wurst in einem kühlen Raum aufgehängt.

Räuchern der Wurst

Ich gehe in diesem Buch nur auf die Grundbegriffe des Räucherns ein. Wer mehr erfahren möchte, findet in dem Buch „Räuchern" aus dem Eugen Ulmer Verlag einen genauen und ausführlichen Ratgeber.

Man unterscheidet im Wesentlichen drei Arten des Räucherns: Kalt-, Heiß- und Warmräuchern. Die beiden Erstgenannten sind die wichtigsten.

Kalträuchern

(Mit Hartholzsägemehl im Bereich von 18–24 °C). Kaltrauch wird bei Rohwurst (Salami, Mettwurstsorten usw.) und Brühwurst im Natur- oder Naturindarm (Krakauer, Bierwurst, Bierschinken, Presskopf usw.) angewendet. Schinkenwurst im Naturdarm, Wiener Würstchen und Knackwürste hingegen werden nicht nachgeräuchert. Auch Kochwurstsorten können mit Kaltrauch behandelt werden, diese Würste sollten aber nicht zu intensiv geräuchert werden, da sonst nur der Rauchgeschmack zum Vorschein kommt. Kochwurst darf nicht zu bald nach dem Garen geräuchert werden, sie muss gut ausgekühlt sein, am besten kommt sie erst

einen Tag später in den Rauch. Räuchert man sie zu früh, kann die Wurst sauer werden (Leberwurst) oder die Wurst erreicht nicht die erwünschte Schnittfestigkeit (Blut- und Presswurst).

Würste im Rauch. Oben vorne Kochwürste; dahinter von links nach rechts: geräucherter Hals, Krakauer, Bierwurst, Grobe Mettwurst, Feine Mettwurst, Schinkenwurst, Bierwurst. Unten: Rohpolnische

Heißräuchern
(Mit Hartholz, z. B. Buche oder Eiche, im Bereich von 65–75 °C) Einige Wurstarten (z. B. Krakauer, Bierwurst, Schinkenwurst im Natur- oder Naturindarm, Wiener Würstchen, Knackwurst usw.) werden vor dem Kochen heißgeräuchert. Die Räucherdauer liegt zwischen ein und zwei Stunden, ihren Abschluss erkennt man an der Farbe der Würste. Der Rauch hat bereits eine garende Wirkung, nach dem Räuchern kommen die Würste zum Kochen in den Kessel.

Kochwurst

Die Herstellung von Kochwurst ist bei der Hausschlachtung wohl mit das Wichtigste. Manches kann man hier nach dem eigenen Geschmack entscheiden, gewisse Grundsätze aber muss man einhalten, sonst wird man nur Ausschuss produzieren, deshalb gehe ich auf dieses Thema sehr intensiv ein. Zunächst werden nun die Fleischteile erläutert, die zur Kochwurstherstellung verwendet werden. Selbstverständlich kann dieses Fleisch auch zu Brüh- oder Rohwurst verarbeitet werden,

z. B. kann man Griffe für Mettwurst verwenden oder Schweinebacken im Aufschnitt, sie bewirken dort die schöne helle Farbe, Presskopf ohne Schweineschnauzen (Rüssel) herzustellen wäre gar nicht möglich.

Beschreibung, Behandlung und Verwendung des Rohmaterials

Wenn Kochwurst hergestellt wird, so schneidet man die unten aufgeführten Fleisch- und Fettteile nach der Fleischbeschau vom Schwein ab, wäscht sie gut durch und gibt sie noch warm in den Kessel.

Blut
Das Blut muss nach dem Auffangen sofort geschlagen werden, damit es nicht gerinnt. Anschließend wird es zur Blutwurstherstellung kalt gestellt. Vor der Verarbeitung muss man es noch einmal aufrühren, da sich das Plasma absetzt. Blut wird zusammen mit Schwarten verwendet und dient u. a. als Farbstoff in der Wurst.

Schwarte
Die Schwarte ist der „Leim in der Wurst". Sie wird vom rohen Speck möglichst fettfrei abgezogen und gekocht, sie ist gar, wenn sie sich mit Daumen und Zeigefinger quetschen lässt. Schwarte darf nicht verkocht werden, sonst hat sie keine ausreichende Bindung mehr. Die Bindekraft von Schwarten älterer Tiere ist höher als von jüngeren. Die Festigkeit der Kochwurst kann also durch Zugabe von Schwarten gesteuert werden (zu viel – „Gummiwurst", zu wenig – nicht schnittfeste Wurst). Außerdem muss das Verhältnis Schwarte – Blut bzw. Fleischbrühe stimmen, da sonst die bereits erläuterten Fehler auftreten.

Abschneiden des Kopfes mit Backe (für Blut- und Presswurst)

Kopf

Zunächst wird das Hirn entfernt und die Backe abgetrennt. Kopffleisch wird nach dem Garen zur Herstellung von weißer und roter Presswurst verwendet, es gibt natürlich auch eine sehr gute Blutwurst. Fette Teile kommen in die Blutwurst. Wichtig ist, dass das Fleisch vor der Wurstherstellung auf Knochensplitter durchsucht wird.

Backe

Die Backe wird normalerweise nach dem Garen zur Blutwurstherstellung verwendet. Auch bei der Herstellung von roter Presswurst kann etwas Backe in Form von Speckstreifen zugegeben werden, außerdem ist sie ein sehr guter Rohstoff für Delikatessleberwurst.

Griffe

Griffe werden gegart für Leberwurst verwendet. Vor dem Garen muss man das Magerfleisch abtrennen – es wird roh der Leberwurst beigewolft. Soll viel Blut- und wenig Leberwurst hergestellt werden, kann der kernige Teil des Griffes in die Blutwurst geschnitten werden.

Zunge

Nach dem Garen muss man die Zunge schälen. Zungen können sowohl Zungenwurst, roter Presswurst als auch Blutwurst zugegeben werden.

Herz

Herz wird in gegarter Form Weißer und Roter Presswurst oder Blutwurst zugegeben.

Leber

Von der Leber sind zunächst die Gallengänge sauber zu entfernen. Sie kann vor der Verarbeitung etwas angebrüht werden (ca. 5 Minu-

Abschneiden des Griffs (für Leberwurst)

ten, auf keinen Fall kochen, sonst ist die Bindekraft verloren). Sie gibt der Leberwurst nicht nur den typischen Lebergeschmack, sondern bewirkt die nötige Bindung. Auch der Roten Presswurst kann etwas Leber zugegeben werden (nicht mehr als 3 %).

Lunge

Lunge kann gekocht in die Leberwurst gewolft werden, was allerdings deren Qualität nicht unbedingt verbessert. Es ist besser, Lunge als Hundefutter zu verwerten.

Rückenspeck

Der Rückenspeck liegt über der Kotelett- und Halspartie. Dieser wird zunächst abgeschwartet, das heißt, die Schwarte wird vom Speck abgezogen. Den Speck gibt man, sofern er

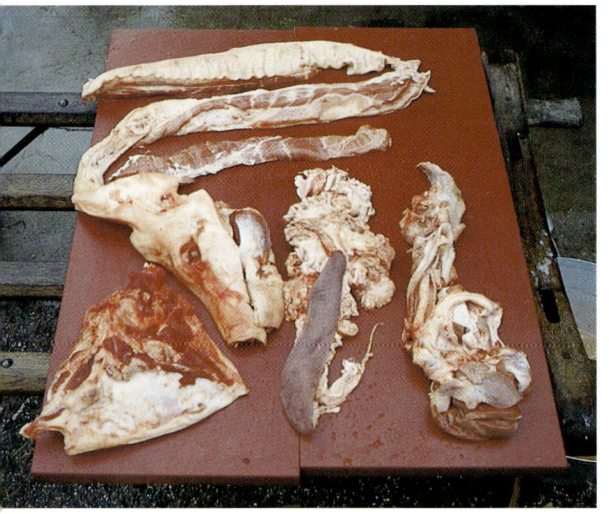

Kochwurstfleisch (roh) auf dem Tisch
Oben: Griffe, Schwarten- und Fleischseite. Unten
von links nach rechts: Schweinebacke, Kopf,
Nicker mit Milz, Geräusch ohne Leber

zur Kochwurstherstellung verwendet wird,
der Blutwurst bei. Es gibt zwei Möglichkeiten
der Verarbeitung:

1. Der Speck wird in ca. 1 cm große Würfel
geschnitten und im Kessel gebrüht. Anschließend werden die Würfel heiß der Wurstmasse
hinzugefügt. Diese Methode wird normalerweise in der Metzgerei angewendet.

2. Der Speck wird in ca. 1,5 cm große Würfel geschnitten, die zu Schweineschmalz ausgelassen werden. Dabei ist es wichtig, dass die
Würfel die gleiche Größe haben, damit sie
gleichmäßig bräunen. Diese so genannten
Grieben darf man nicht zu dunkel werden lassen, da sie sonst der Wurst einen schlechten
Geschmack geben. Jetzt das heiße Schmalz
von den Grieben abseihen und die Grieben
ausdrücken, anschließend sofort in kaltes
Wasser schütten, damit sie nicht nachbräu-
nen. Die Grieben können zur Wurstherstellung verwendet werden und geben die so

genannte Griebenwurst (Blutwurst). Der Vorteil ist: Die Wurst wird nicht so fett, außerdem erhält man so ein erstklassiges Schweineschmalz. Ist das Schlachttier extrem mager
(was sehr selten vorkommt), können ein paar
abgeschwartete, im Kessel gekochte Speckstreifen zur Leberwurstherstellung verwendet
werden, damit die Leberwurst nicht zu trocken wird.

Nicker mit Milz (Darmgekröse)
Sind die Därme abgelöst, wird der Nicker
sauber gewaschen und gekocht. Er wird für
die Leberwurst verwendet.

Kochwurstsorten
Hausmacher-Leberwurst

Material
Schweineleber
Griffe
Nicker mit Milz
rohes Fleisch
(Lunge)
bei der Herstellung großer Mengen
zusätzlich:
Schweinebacken
weichere Teile des Schweinebauches
Leberanteil unbedingt beachten,
u. U. Leber zukaufen

Gewürze und Zutaten
Kochsalz
Pfeffer, weiß, gemahlen
Muskat
Majoran
Piment
Zwiebeln
Knoblauch

Die Griffe, Lunge, Nicker mit Milz, u. U.
Schweinebacken und Schweinebauch werden
gar gekocht. Die von den Gallengängen be-

Delikatess-Leberwurst (Feine Leberwurst)

Material
Schweinefleisch
Griffe, Schweinebauch oder Schweine-
backen
Schweineleber

Gewürze und Zutaten
Nitritpökelsalz
Pfeffer, weiß, gemahlen
Mazisblüte
Majoran, gemahlen
Zwiebeln

freite Leber kann im Kessel leicht angebrüht werden. Das gesamte Material wird zusammen mit Zwiebeln und Knoblauch durch die 3-mm-Scheibe gewolft. Anschließend werden die restlichen Zutaten hinzugegeben und auf Wunsch mit heißer Fleischbrühe vermengt. Die Masse wird abgeschmeckt und bei Bedarf nachgewürzt. Dosen und Gläser werden zunächst gefüllt, die Masse für die Därme wird noch etwas nachgewürzt, da sie beim Kochen an Geschmacksintensität verliert.

Hausmacher-Leberwurst wird in Schweinefettenden, Schweinebratdärme bzw. Rinderkranzdärme gefüllt. Nach dem Garen wird die Wurst kurz in kaltes Wasser getaucht und danach auf einen Tisch gelegt. Erst nach völligem Erkalten wird sie für einige Stunden in den Kaltrauch gehängt. Sie kann auch in transparente Kunstdärme gefüllt werden, diese Därme werden dann nicht geräuchert.

Garzeit: bei 80–85 °C ca. 10 Minuten pro Zentimeter Wurstdurchmesser

Das gesamte Fleisch- und Fettmaterial mit Ausnahme der Leber wird bei 80–90 °C gebrüht und abgekühlt. Die Leber wird sauber von den Gallengängen befreit, in Streifen geschnitten und gewässert. Die Zwiebeln werden in Ringe geschnitten und im Fett schön goldbraun gedämpft. Nun wird das gesamte Material durch die 2-mm-Scheibe gewolft, gewürzt und abgeschmeckt. Auf Wunsch kann diese Masse noch mit heißer Fleischbrühe verdünnt werden. Steht ein Kutter zur Verfügung, wird diese Leberwurst natürlich damit hergestellt, denn dadurch wird die Masse viel feiner. Die Arbeit mit dem Kutter erfordert aber Fingerspitzengefühl. Zunächst wird das gesamte Material einschließlich der Zwiebel durch die 3-mm-Scheibe gewolft, die Leber aber extra, da sie am Anfang auch einzeln gehackt wird. Die Leber wird so lange für sich gebuttert, bis sie Blasen wirft, dann wird sie aus dem Kutter genommen. Nun kommt das restliche Material in den Kutter (einschließlich Zwiebeln). Wichtig ist dabei, dass das Material ausgekühlt ist. Alles wird nun ordentlich fein gehackt, dann wird die vorgebutterte Leber und danach auf Wunsch heiße Brühe zugegeben. Nun folgen das Salz und die Gewürze, dann wird weitergebuttert, bis das Material vollkommen emulgiert ist.

Die Endtemperatur sollte bei ca. 30 °C liegen. Die Wurst wird in Fettenden bzw. Sterildärme gefüllt und bei 78 °C ca. 90 Minuten gegart. Wichtig ist vorsichtiges Abkühlen, auf keinen Fall sehr plötzlich abkühlen, u. U. sollte man die Därme durch Hin- und Herstreichen massieren, damit sich kein Fett absetzt. Naturdärme werden nach völligem Erkalten im Kaltrauch leicht nachgeräuchert.

Hausmacher-Blutwurst

Material
Schweinebacken
Grieben
Fettteile vom Kopf
Schwarten
Schweineblut
bei Herstellung großer Mengen bzw.
guter Qualität zusätzlich Kopffleisch
Herz
Zunge
kerniger Teil des Schweinebauches
kerniger Teil des Griffes
Schwarten- und Blutanteil beachten, u. U.
zukaufen

Gewürze und Zutaten
Kochsalz
Peffer, schwarz, gemahlen
Piment
Majoran
Zwiebeln
Knoblauch

Die oben aufgeführten Fleisch- und Fettteile werden gegart und nach dem Auskühlen zu Würfeln von ca. 0,5 cm geschnitten. Grieben werden hergestellt wie im Abschnitt „Rückenspeck" beschrieben. Nun werden die gesamten Würfel samt Grieben (Wasser vorher abschütten) im Seiher über dem Kessel mit heißer Fleischbrühe übergossen und ausge-

drückt. Die Schwarten werden gegart, mit den Zwiebeln und dem Knoblauch durch die 3-mm-Scheibe gewolft und zusammen mit den restlichen Zutaten unter die Würfel gemengt. Dann wird die Masse mit Blut verdünnt und noch einmal kräftig vermengt. Beim Abschmecken muss die Wurstmasse einen herben Geschmack haben, da die Würfel das Salz und die Gewürze erst aufsaugen müssen.

Die Wurst wird in Schweinskrausen, Bratdärme bzw. Rinderkranzdärme gefüllt, auch transparente Kunstdärme können verwendet werden. Die weitere Behandlung ist die gleiche wie bei der Hausmacher-Leberwurst.

Garzeit: bei 80–85 °C ca. 15 Minuten pro Zentimeter Wurstdurchmesser

Zungenwurst

Material
Blutwurstmasse
(wie bereits beschrieben)
Zungen (müssen normalerweise zugekauft werden, da eine nicht ausreicht)

Gewürze und Zutaten
entweder nur Nitritpökelsalz oder besser
Gewürze wie bei Blutwurst

Es bleibt jedem selbst überlassen, wie er Zungenwurst herstellt. Die Zungen können gepökelt bzw. gesalzen werden und dann der Wurst als ganze oder halbe Zungen oder auch als Würfel von 2–4 cm zugegeben werden. Außerdem können die Zungen mit den genannten Zutaten zusätzlich gewürzt werden, das schadet dem Aroma nicht. Der Zungenanteil in der Wurst sollte bei 40–60 % liegen. Die Masse wird in Rinder- oder Schweinebutten, in Schweinsblasen oder -mägen gefüllt. Zum Garen und Räuchern siehe Rote Presswurst.

Rote Presswurst (Roter Schwartenmagen)

Material
Kopffleisch
Schweinebacken
Schwarten
Schweineblut
bei guter Qualität zusätzlich:
Schweinebug
Schweinebauch, mager, kernig
Zungen

Gewürze und Zutaten
Kochsalz oder Nitritpökelsalz
Pfeffer, schwarz, gemahlen
Piment
Muskat
Majoran
Zwiebeln
Knoblauch

Die oben aufgeführten Fleisch- und Fettteile werden gegart und nach dem Auskühlen folgendermaßen geschnitten: Kopffleisch, Schweinebug und Zungen in 2–3 cm große Würfel, Schweinebacken und Schweinebauch in Streifen von ca. 3 × 0,5 × 1 cm. Nun werden die Fleisch- und Fettteile im Seiher über dem Kessel mit heißer Fleischbrühe übergossen und ausgedrückt. Die Schwarten werden gegart und mit den Zwiebeln und dem Knoblauch durch die 3-mm-Scheibe gewolft und mit den übrigen oben aufgeführten Zutaten unter das grobe Material gemengt. Nun wird der Masse noch das Blut beigegeben. Diese Wurstmasse muss noch herber als Blutwurst schmecken, da die Würfel größer sind. Die Wurstmasse wird in Rinderbutten, Schweinebutten oder Schweinemägen gefüllt und, je nach Größe der Därme, dreieinhalb bis fünf Stunden bei 80–85 °C gegart. Danach wird die Wurst auf einen Tisch gelegt und einen Tag später für einige Stunden in den Kaltrauch gehängt.

Weiße Presswurst (Weißer Schwartenmagen)

Material
Kopffleisch
rohes Schweinefleisch
Schwarten
Fleischbrühe
bei viel Wurst zusätzlich:
Schweinebug
Eisbeine

Gewürze und Zutaten
Salz oder Nitritpökelsalz
Peffer, weiß, gemahlen
Muskat
Kümmel
Essig
Zwiebeln
Knoblauch

Kopffleisch, Eisbeine und Bugfleisch werden gegart und nach Auskühlen entweder zu 2–3 cm großen Würfeln oder in längliche dünne Streifen geschnitten. Dann werden sie im Seiher über dem Kessel mit heißer Fleischbrühe übergossen und ausgedrückt. Die Schwarten werden gegart und mit dem rohen Fleisch, den Zwiebeln und dem Knoblauch durch die 3-mm-Scheibe gewolft. Nun wird die gesamte Masse mit den restlichen Gewürzen vermengt, anschließend wird alles noch mit Fleischbrühe verdünnt (die Schwarte und die Fleischbrühe geben in der Wurst nach dem Erkalten die Sülze).

Die weitere Bearbeitung ist dieselbe wie bei Roter Presswurst. Die Garzeit der Weißen Presswurst beträgt ca. dreieinhalb bis vier Stunden.

Rohwurst

110

Das Material wird bei diesen Würsten roh verarbeitet und anschließend durch Reifen, Räuchern und/oder Lufttrocknen haltbar gemacht. Die Tierstellung erfolgt mit dem Wolf oder dem Blitz. Diese Wurstsorten können also auch bei einer Hausschlachtung, bei der kein Kutter zur Verfügung steht, durchaus hergestellt werden. Bei diesen Sorten kann sehr gut Fleisch von Schafen und Ziegen mitverarbeitet werden. Dieses Fleisch sollte dann aber gut entfettet sein und nach Möglichkeit von älteren Tieren stammen, also kernig sein. Bei der Verarbeitung wird es immer der Grundmasse, nicht dem groben Material zugegeben.

Wenn die Wurst mit dem Blitz hergestellt wird, darf kein Eisschnee verarbeitet werden, stattdessen wird das Rohmaterial durch Anfrieren heruntergekühlt. Je feiner die Körnung der Wurst werden soll, desto härter muss das Fleisch bzw. der Speck gefroren sein. Wichtig ist das, weil sich das Material sonst durch die hohen Messerdrehzahlen im Kutter erwärmt.

Das Thema „Salami" übergehe ich hier absichtlich. Oft wird so getan, als stelle man eine Salami so leicht her wie eine Bratwurst. Um eine Salami zu machen, braucht man jedoch viel Erfahrung – schon bei der Auswahl der Rohstoffe, die man oft gar nicht zur Verfügung hat. Auch die Herstellung der Wurst – die Auswahl der Zusatzstoffe und Reifehilfsmittel, die richtige Bearbeitung der Fleisch- und Fetteile usw. – ist schwierig, besonders heikel ist außerdem das Reifen und Räuchern der Wurst. Aus all diesen Gründen geben sich viele Metzgereien heute schon gar nicht mehr mit der Salamiherstellung ab, sondern beziehen sie von Großherstellern.

Rohpolnische

Material
Schweinefleisch und/oder Rindfleisch, auch Schaf- bzw. Ziegenfleisch
magerer Schweinebauch, abgeschwartet

Gewürze und Zutaten
Nitritpökelsalz
Peffer, weiß, gemahlen
Peffer, weiß, gerissen
Koriander
Knoblauch

Das Schweine- und/oder Rindfleisch muss frei von Sehnen und Knorpeln sein, da diese Wurst nicht gekocht wird. Das Fleisch wird mit den Gewürzen und Zutaten vermengt und durch die 3-mm-Scheibe gewolft. Der Schweinebauch (ebenfalls frei von Sehnen und Knorpel) wird durch die 5-mm-Scheibe gewolft, dann wird die Gesamtmasse gut vermengt. Der typische Geschmack ist würzig und nicht salzig. Diese Wurst kann auch mit dem Kutter (Blitz) hergestellt werden, wenn einer vorhanden ist. Das Schweine-/Rindfleisch wird durch die 3-mm-Scheibe gewolft, der Bauch wird in etwa walnussgroße Stücke geschnitten. Das gesamte Material sollte gut gekühlt sein. Nun kommt das gewolfte Rindfleisch und der geschnittene Bauch mit den Zutaten auf den Kutter. Die Masse wird so lange gehackt, bis der Bauch die gewünschte Körnung erreicht hat. Anschließend wird die Masse in Schweinebratdärme gefüllt und zu Paaren von ca. 150 g abgedreht. Die aufgehängte Wurst wird etwa einen Tag im Kaltrauch geräuchert.

Feine Mettwurst

Material
Schweine- und/oder Rindfleisch,

bis ca. 50 % kann auch Ziegen- bzw.
Schaffleisch zugegeben werden
weicher Speck von Schlegel oder Bauch,
auch Griffe

Gewürze und Zutaten
Nitritpökelsalz
Pfeffer, weiß, gemahlen
Paprika, edelsüß
Mazisblüte
Rum

Das gesamte Material wird mit den Gewürzen
und Zutaten vermengt und durch die 2mm-
Scheibe des Wolfes gelassen. Anschließend
wird das Brät gut vermengt. Steht ein Kutter
zur Verfügung, wird das Material zunächst
durch die 3-mm-Scheibe gewolft und angefroren. Dann wird das Gesamtmaterial auf
dem Kutter bis zu einer Temperatur von ca.
12 – 15 °C gehackt. Die Gewürze werden zu
Beginn des Kutterns zugegeben, das Salz erst
im letzten Viertel des Vorgangs. Sofern der
Kutter einen Schnellgang hat, wird mit diesem gearbeitet. Zum Schluss ist es wichtig,
den Kutter einige Runden im langsamen
Gang laufen zu lassen, damit das Brät entlüf-
tet wird. Nun wird das Brät in Naturin- oder
Naturdärme gefüllt und acht bis zehn Stunden im Kaltrauch geräuchert.

Grobe Mettwurst

Material
Schweine- und/oder Rindfleisch, es kann
auch Ziegen- bzw. Schaffleisch hinzugegeben werden
Schweinebauch ohne Griff (kerniger Teil)

Gewürze und Zutaten
Nitritpökelsalz
Pfeffer, weiß, gemahlen
Kümmel, gemahlen

Koriander
Cognac

Schweine- und/oder Rindfleisch wird durch
die 3-mm-Scheibe des Wolfes gelassen.
Anschließend wird die Gesamtmasse einschließlich der Gewürze durch
die 5-mm-Scheibe gewolft
und sehr gut vermengt.
Füllen und Räuchern
siehe Feine
Mettwurst.

Andere Wurstsorten: Bratwurst, Knacker, Schinkenwurst

In diesem Kapitel werden Rezepte beschrieben, die sich in die drei Oberbegriffe Roh-,
Brüh-, bzw. Kochwurst schlecht einordnen lassen. Diese Wurstsorten sind aber sehr gut dafür geeignet, bei einer Hausschlachtung hergestellt zu werden. Man kann Fleischteile von
Rind, Schwein, Kalb, Schaf bzw. Ziege dabei
verarbeiten. Zum einen bringt das Abwechs-
lung ins Wurstsortiment. Ein weiterer Vorteil
ist der, dass für die Herstellung dieser Wurstsorten keine besondere Ausrüstung erforderlich ist. Besonders wichtig wird das für Hausfrauen oder Hobbytierhalter sein, für die sich
die Anschaffung bestimmter Spezialmaschi-
nen (wie z. B. des Kutters) einfach nicht
lohnt.

Grobe Bratwurst (Bauernbratwurst)

Material
Schweinefleisch
Speck
nach Wunsch oder Bedarf auch Rindfleisch
Kalbfleisch

Gewürze und Zutaten
Salz
Pfeffer, weiß, gemahlen
Muskat
Majoran, gemahlen
Knoblauch

Zunächst wird das gesamte Material von Sehnen und Knorpeln befreit, die Zutaten werden hinzugegeben. Das Ganze wird gut vermengt durch die 3 bzw. 4-mm-Scheibe gewolft. Es ist wichtig, dass der Wolf gut schneidet, damit das Material nicht schmiert. Nun wird das Brät gut durchgeknetet und abgeschmeckt. Bratwurst darf beim Versuchen auf keinen Fall herb schmecken, da beim Braten die Geschmacksintensität zunimmt. Jetzt wird das Brät in Saitlinge oder Schweinsbratdärme gefüllt und zu Paaren von 180–200 g abgedreht. Die Würste können noch ein bis zwei Tage in einem kühlen Raum aufgehängt werden. Vor dem Verzehr lässt man sie im heißen Wasser (nicht kochend) ziehen, bis sie gar

sind, auf Wunsch können sie auch angebraten werden. Man taucht sie zunächst in Milch, damit sie eine schöne braune Farbe bekommen. Nicht zu heiß anbraten, sonst platzt die Wurst!

Wird ein Schaf oder eine Ziege bei einer Hausschlachtung mitverarbeitet, so kann man von diesem Fleisch bis zu einem Drittel in die Bratwurst zugeben, vorher muss es gut entsehnt und entfettet werden. Wird diese Wurst verkauft, so müssen die verschiedenen Fleischanteile kenntlich gemacht werden.

Bauernknacker

Material
Rindfleisch
Schweinefleisch
Speck

Gewürze und Zutaten
Nitritpökelsalz
Pfeffer, weiß, gemahlen
Mazisblüte
Koriander
Knoblauch

Das Rindfleisch wird gut entsehnt und entfettet, das Schweinefleisch wird entsehnt. Nun wird das Material gewürzt und vermengt. Das gesamte Material wird mit der 2-mm-Scheibe gewolft. Diese Masse muss sehr gut durchgearbeitet werden, bis sie bindig ist. Die Masse kommt in Därme mit einem Kaliber von 28–30 mm und wird zu Paaren von 180 g abgedreht. Die Verarbeitung ist dieselbe wie bei Knackwurst. Das Rindfleisch kann beim Hausschlachten ganz oder teilweise durch Hammel- oder Ziegenfleisch ersetzt werden. Sollte Wurst mit Hammel- oder Ziegenfleisch in Selbstvermarktungsbetrieben verkauft werden, so muss das ausgewiesen werden.

Grobe Schinkenwurst in Konserven

Material
Rindfleisch
Schweinefleisch
Speck

Gewürze und Zutaten
Nitritpökelsalz
Pfeffer, weiß, gemahlen
Mazisblüte
Koriander
Knoblauch
Zwiebeln
Geschmacksverstärker

Das Rindfleisch wird gut entsehnt und entfettet, das Schweinefleisch wird entsehnt. Dann wird das Schweinefleisch durch die Erbsenscheibe gewolft, das Rindfleisch und der Speck werden mit den Zutaten vermengt und mit der 2- bzw. 3-mm-Scheibe gewolft. Nun wird das gesamte Material gut vermengt, die Masse wird in Gläser oder Dosen gefüllt und eingekocht. Auch bei dieser Wurstsorte kann anstatt des Rindfleischs Hammel- oder Ziegenfleisch mitverarbeitet werden (beim Hausschlachten). Beim Verkauf muss das wiederum deklariert werden.

Brühwurst

Vielleicht denken jetzt viele Leser: wozu dieser Abschnitt? Manch einer mag denken, die Brühwurstherstellung gehöre nicht zur Hausschlachterei, man müsse Geselle oder Meister sein, um solche Würste machen zu können. Aber das ist alles halb so schlimm. Sicherlich möchten viele Menschen, die ihre Wurst zumeist von einer Fleischerei beziehen (also meistens Brühwurst kaufen), besonders gern eine Hausmacher-Wurst. In der Umgangssprache versteht man darunter Kochwurst. Andererseits gibt es vor allem auf dem Lande viele Leute, die seit eh und je Hausmacher Wurst gewohnt sind, vielleicht freuen sich diese, wenn sie einmal eine andere Möglichkeit kennen lernen. Am besten wird es sein, wenn man sowohl Koch- als auch Brühwurst auf den Tisch bringen kann. Vielleicht werden langfristig beide Wurstsorten gleichermaßen beliebt.

Mit dem Kutter muss man erst umgehen lernen. Der Kutter oder Blitz ist eines der neueren Geräte in der Metzgerei, sein Vorgänger war das Wiegemesser. Kutter gibt es schon seit der Jahrhundertwende, häufig eingesetzt werden sie aber erst seit den Jahren vor dem Zweiten Weltkrieg. Zuvor wurde das Fleisch mit Salz und Wasser „angeschafft", jetzt übernimmt der Kutter im Prinzip diese Aufgabe.

Wenn die folgende Anleitung genau beachtet wird, wird jeder in der Lage sein, mit dem Kutter zu arbeiten. Hat man erst einmal das erste Brät gehackt, wird man merken, dass das keine Hexerei ist. Am besten wäre es auch, mit den einfacheren Sorten wie Lyoner, Fleischkäse oder feiner Bratwurst zu beginnen.

Viele werden auch Angst vor den hohen Investitionskosten haben. Sicherlich, ein neuer Kutter ist nicht billig, er ist eigentlich die teuerste Maschine in der modernen Hausmetzgerei. Man kann jedoch durch Anzeigen in Fachzeitschriften für Fleischerei oder Landwirtschaft oft günstig an eine gebrauchte Maschine kommen. Bevor Sie aber überhaupt einen Kutter kaufen, versuchen Sie einmal bei einem Bekannten, der einen Kutter besitzt, Wurst zu hacken. Gelingt es Ihnen, dann können Sie sich weiter umsehen. Vielleicht können Sie auch immer zu ihm gehen und dort Ihre Wurst machen. Für Sie wäre das finanziell am günstigten und Sie könnten dennoch nach Ihren Vorstellungen Wurst herstellen und stolz darauf sein, sie selbst gemacht zu haben. Außerdem könnten Sie bei Unklarheiten Ihren Bekannten fragen, der mehr Erfahrung im Umgang mit dem Kutter hat.

Grundregeln für die Brühwurstherstellung

Wenn Sie die folgenden allgemeinen Grundregeln beachten, werden Sie kaum Probleme mit misslungener Brühwurst bekommen.

1. Man sollte bei der Verarbeitung immer Kältereserven haben, also möglichst kühles Material verwenden. Besonders günstig ist natürlich die Brühwurstherstellung im Winter; wenn man genügend Kühlmöglichkeiten hat (Kühlschrank, Kühlzelle oder Kühlraum, Gefriertruhe), kann man jedoch auch im Sommer Brühwurst machen.

2. Halten Sie sich bei der Herstellung möglichst genau an die angegebenen Temperaturbereiche am Kutterthermometer, denn aus einem Brät, das einmal zu warm gelaufen ist, kann man kein Spitzenprodukt mehr herstellen. Bei einem zu warmen Brät kann sich zum Beispiel das Fett absetzen. Deshalb sind auch die Kältereserven nötig. Fleisch, das einige Stunden bei 20 °C in einem Raum gestanden hat, kommt schon zu warm in den Kutter.

3. Arbeiten Sie langsam und überlegt. Damit ist nicht gemeint, dass Sie den Schnellgang Ihres Kutters nicht benutzen sollen. Aber es ist besser, den Kutter lieber einmal abzuschalten, sich die Anleitungen genau durchzulesen und zu überlegen, wie die Verarbeitung weitergeht.

4. Um die Körnung (die Größe der Fleisch- und Fetteile) zu kontrollieren, sollte man ruhig nach jeder Runde die Maschine abschalten. So können Sie einer Enttäuschung aus dem Wege gehen. Hier ist es auch sinnvoll, im Langsamgang zu arbeiten. Ein Beispiel: Das Grundbrät für Schinkenwurst ist fertig gehackt. Nun wird das walnussgroße Einlagenfleisch zugegeben. Wenn man jetzt zu früh mit dem Kuttern aufhört, kann die Wurst ein Schnittbild wie eine Jagdwurst haben. Lässt man den Kutter hingegen zu lange laufen, dann ist von der Einlage nichts mehr zu sehen, das Schnittbild gleicht später einer Lyoner.

5. Wenn die Wurstmasse hergestellt ist, lassen Sie sie nicht zu lange in der warmen Wurstküche stehen, da sich sonst sehr schnell Keime vermehren können. Beginnen Sie am besten sofort mit der Weiterbehandlung, also mit dem Füllen, dem Räuchern und Kochen. Wenn das nicht sofort möglich ist, stellen Sie die Masse zumindest kühl, aber auch keinen halben Tag!

In den folgenden Abschnitten wird die Herstellung von Brühwurst sowie die dazu benötigten Materialien beschrieben. Dazu werden immer wieder Beispiele genannt. Diese Beschreibung ist auf die Herstellung von Brät bezogen, das auch Grundbrät genannt und zur Herstellung von Aufschnittsorten (Lyoner, Paprikalyoner, Presskopf, Bierschinken usw.) verwendet wird. Im Anschluss daran wird noch einmal eine Übersicht über die Grundbrätherstellung aufgeführt. Natürlich werden weitere Sorten beschrieben, bei denen die Grundmasse eine andere ist. Darauf wird jeweils verwiesen.

Arbeitsverfahren

Wolfen

Vor allem bei den heutigen Hochleistungskuttern ist es nicht notwendig, das Fleisch oder den Speck vor dem Kuttern durch den Wolf zu lassen, der Kutter hackt es auch ohne vorherige Zerkleinerung durch den Wolf fein. Andererseits ist es auch nicht falsch, wenn das Material für die Grundmasse einer Brühwurst vorher gewolft wurde. Dabei genügt eine 4- bis 8-mm-Scheibe, also die Scheibe nicht zu fein wählen. Das hat folgenden Grund: je enger die Löcher einer Scheibe sind, desto mehr Widerstand bzw. Reibung entsteht. Für das Material ist das nicht vorteilhaft, denn dabei entsteht Wärme. Die Zerkleinerung, die mit dem Wolf vorgenommen wurde, kann nachher beim Kuttern eingespart werden. Es ist also von Vorteil, zunächst das Fleisch bzw. den Speck zu Wolfen, es danach einige Stunden zu kühlen und dann zu kuttern. Der Zeitaufwand ist bei diesem Verfahren zwar größer, aber man schafft sich so die gewünschten Kältereserven.

Kuttern

Das Kuttern ist der wichtigste Arbeitsvorgang in der Brühwurstherstellung, ihm ist auch die größte Aufmerksamkeit zu schenken. Dabei vollziehen sich chemische bzw. physikalische

Veränderungen. Da sich dieses Buch an Praktiker wendet, gehe ich darauf nicht näher ein. Ich beschreibe ebenso nur das Kalthacken, also die Verarbeitung von durchgekühltem, nicht mehr schlachtwarmem Fleisch. Beim Warmhacken wird das Fleisch nach der Schlachtung ausgebeint und noch warm weiterverarbeitet. Dieses Verfahren bietet sich für Betriebe an, die auf biologischer Basis arbeiten, denn dabei darf kein Kutterhilfsmittel verwendet werden. Beim Kalthacken gibt es drei Methoden des Kutterns: das Ein-, Zwei- und Drei-Phasen-Verfahren. Geläufig sind die ersten beiden Methoden. Das Drei-Phasen-Verfahren ist sehr zeitaufwändig und bringt den anderen Verfahren gegenüber relativ wenig Vorteile.

Ein-Phasen-Methode

Auch Gesamtbrätverfahren genannt. Bei dieser Methode kommt sämtliches Fleisch und der Speck auf den Kutter. Man gibt sofort Salz und Phosphat zu. Der Eisschnee wird so

Rechts: Wolfen
Unten: Wurstherstellung am Kutter

beigemengt, dass der Kutter im Temperaturbereich von ca. 2–8 °C läuft. Bei 8 °C ist der Schmelzpunkt des Specks erreicht, der nicht überschritten werden sollte. Erst nachdem der Eisschnee aufgebraucht ist, lässt man die Temperatur über 8 °C ansteigen. Die Endtemperatur des fertigen Bräts sollte ca. 12–14 °C betragen.

Zwei-Phasen-Methode

Dieses wird auch als Aufbauverfahren bezeichnet. Hier kommt zunächst sämtliches Fleisch auf den Kutter, auch Salz und Phosphat werden sofort zugegeben. Das Eis wird so beigemengt, wie es das Fleisch aufnehmen kann. Die Temperatur sollte zwischen 1 °C und 4 °C liegen. Wenn dem Fleisch mehr Eis zugegeben wird, als es aufnehmen kann, „ersäuft" das Brät, das Wasser kann nicht mehr gebunden werden. Zu Beginn des Kutterns sollte man ca. ein Drittel bis maximal die Hälfte der gesamten Eismenge zugeben. Liegt man dann im oben genannten Temperaturbereich, kommt der Speck hinein, die Temperatur steigt nun an. Wie beim Gesamtbrätverfahren muss auch hier darauf geachtet werden, dass die Temperatur zwischen 2 °C und 8 °C bleibt. Dazu wird jeweils entsprechend Eis hinzugegeben. Ist der Eisschnee aufgebraucht, wird das Brät auch hier auf eine Endtemperatur von 12–14 °C gehackt. Zwar ist dieses Verfahren arbeitsintensiver als das Gesamtbrätverfahren, es kann jedoch genauer gearbeitet werden.

Beschreibung und Verwendung des Rohmaterials

Magerfleisch

Zur Herstellung von Brät sollte das Fleisch jüngerer Tiere verwendet werden – im Gegensatz zur Rohwurst, wo dem Fleisch älterer Tiere der Vorzug gegeben wird. Selbstverständlich kann auch eine jüngere Muttersau

zu Brät verarbeitet werden, aber dabei muss mit Qualitätseinbußen gerechnet werden. Es wird aber bei jeder Wurstsorte noch einmal speziell darauf hingewiesen. Das Fleisch sollte gute Bindekraft aufweisen, also kommen jüngere Bullen, Ochsen, Färsen bzw. jüngere Mastschweine in Frage.

Rindfleisch

Das Fleisch sollte nicht zu dunkel sein, damit das Brät nicht zu dunkel wird. Deshalb verwendet man das Fleisch jüngerer Tiere und achtet darauf, dass man nicht zu viel Rindfleisch hinzugibt. Die Farbe des Bräts sollte nicht durch den Speckanteil, sondern durch das verwendete Rindfleisch und durch das Verhältnis Rind-/Schweinefleisch gesteuert werden. Man sollte aber auf keinen Fall auf Rindfleisch verzichten, weil dieses die Wurst kernig macht. Für das Grundbrät können alle mageren Fleischabschnitte verwendet werden, wenn Sehnen und Fett gründlich entfernt wurden.

Schweinefleisch

Schweinefleisch sollte der Hauptbestandteil in der Brätherstellung sein. Das Fleisch jüngerer Tiere bewirkt die schöne helle Farbe, sein Anteil sollte 50–70 % des Gesamtmagerfleischs betragen. Fleisch von Sauen oder Ebern sollte zur Brätherstellung nach Möglichkeit gemieden werden. Auch hier können die mageren Abschnitte sämtlicher Fleischteile verwendet werden, sofern sie fettfrei und grob entsehnt sind.

Speck

Der Speck, der zur Brätherstellung verwendet wird, sollte frisch, also nicht ranzig sein, außerdem sollte er gut durchgekühlt sein. Dem Speck von Nacken, Schulter oder kernigem Bauchspeck sollte der Vorzug gegeben werden. Sehr gut geeignet sind ebenso die Schweinebacken, nachdem die Lymphknoten entfernt worden sind. Diese Speckpartien sind kernig, das bewirkt beim Kuttervorgang einen höheren Schmelzpunkt. Das heißt aber nicht, dass die anderen Speckteile nicht zur Brätherstellung verwendet werden können. Beim Kuttern muss dann aber mit erhöhter Vorsicht gearbeitet werden, die Temperatur muss durch rechtzeitige Zugabe von Eisschnee in der unteren Temperaturzone gehalten werden. Auf keinen Fall darf bei 8 °C und mehr gearbeitet werden, damit der Speck nicht an den Schmelzpunkt gelangt. Wenn das passiert, besteht die Gefahr des Absetzens von Fett beim Garen der Wurst.

Kalbfleisch
Selbstverständlich kann Kalbfleisch zur Herstellung von Brät verwendet werden, aus zwei Gründen aber hat das nur geringe Bedeutung. Zum einen werden Kälber selten hausgeschlachtet, zum anderen ist Kalbfleisch beim Zukaufen sehr teuer.

Schaf- und Ziegenfleisch
Diese Fleischarten haben zumindest in manchen Regionen eine größere Bedeutung für die Hausschlachterei, es kann zur Brätherstellung verwendet werden. Allerdings verursacht es wie Rindfleisch eine unerwünschte dunkle Färbung im Brät. Wenn mit diesen Fleischsorten Wurst gemacht wird, muss das beim Verkauf deklariert werden. Ich gehe an anderer Stelle noch genauer auf die Verwendung von Schaf- und Ziegenfleisch ein, bei den Wurstsorten vor allem, bei denen dieses Fleisch sehr gut dazupasst.

Eisschnee
Beim Kuttern läuft das Material durch die hohen Messerdrehzahlen warm, für das Brät ist das schädlich. Dem kann man durch Kühlen oder Anfrieren des Materials oder durch „Schüttung" entgegenwirken. „Schüttung" nennt man die Zugabe von Trinkwasser in

Form von Eisschnee. Der Eisschnee kühlt das Brät zusätzlich und hat zudem den Vorteil, dass er nur so schnell schmilzt, wie er von Brät aufgenommen werden kann. Eisschnee ist deshalb vorteilhafter, weil Eisbrocken die Kuttermesser abstumpfen, im Extremfall sogar abschlagen. Eisschnee wird in speziellen Maschinen hergestellt, in denen sich Eiskristalle beim Tropfen von Wasser auf eine gefrorene Walze bilden. Man kann Eisschnee aber auch mit einer Eisfräse aus einem Eisblock herstellen.

Beim Bräthacken wird ca. die Hälfte der Magerfleischmenge als Eisschnee hinzugegeben.

Brühwurstsorten

Schinkenwurst
Bei der Hausschlachterei hat diese Wurstsorte in der Brühwurstproduktion wohl die größte Bedeutung. Es wird das folgende Rohmaterial verwendet: die Grundmasse besteht aus einer Hälfte Magerfleisch und einer Hälfte Speck. Optimal wäre es, wenn das Fleisch ca. je zur Hälfte aus Rind- und Schweinefleisch bestehen würde. Bei einer Hausschlachtung wird hierbei aber sehr stark variiert. In den alten Kochbüchern stand oft: „so man hat". Das heißt: wird ein Rind geschlachtet, so ist meist der Rindfleischanteil höher, wird ein Schwein geschlachtet, so ist es oft umgekehrt. Es kann selbstverständlich

auch Lamm- oder Ziegenfleisch verwendet werden, jedoch sollte dessen Anteil bei maximal 50 % liegen, der Rest muss dann Schweinefleisch sein. Das Fleisch wird gut entfettet, das ist besonders bei Rind-, Lamm- und Ziegenfleisch wichtig. Bei allen Fleischarten müssen außerdem die Sehnen entfernt werden. Als Speck sollte kerniger Speck von Kamm, Schulter oder Bauch verwendet werden, es kann aber auch bis zur Hälfte weicher Speck daruntergemischt sein, was aber nicht unbedingt die Qualität verbessert. Die Menge an Eisschnee richtet sich nach der im Grundbrät verwendeten Magerfleischmasse; man nimmt davon die Hälfte. Der Anteil an Einlagefleisch sollte bei ca. 35–45 % (bezogen auf die Grundmasse) liegen. Als Einlagefleisch bezeichnet man die groben Fleischteile in der Wurst, es wird auch Schrotfleisch genannt. Einlagefleisch sollte erstklassiges Schweinefleisch von Schulter oder Schlegel und frei von Sehnen und Fett sein. Bei Hausschlachtungen wird manchmal auch Speck als Einlage mitverwendet. Wenn das gemacht wird, sollte auf jeden Fall kerniger Speck verwendet werden.

Fleisch und Speck für die Grundmasse werden gut gekühlt durch den Wolf gelassen und anschließend wieder kalt gestellt. Das Schrotfleisch wird durch die Erbsenscheibe gewolft oder besser noch in walnussgroße Stücke geschnitten und ebenfalls kalt gestellt. Die Grundmasse wird im Aufbauverfahren (siehe Beschreibung Kuttern) gehackt. Ca. 18–22 g Nitritpökelsalz und 3 g Phosphat (berechnet auf die gesamte Fleisch- und Fettmenge) kommen hinzu. Ein Hauch Knoblauch und Geschmacksverstärker wirken sich positiv auf den Geschmack aus, der Knoblauch wird gleich zu Beginn des Kutterns dazugegeben. Wird Rötemittel verwendet, so wird es am Ende des Magerfleischkutterns dazugegeben. Als Gewürz wird am besten die Fertigmischung „Schinkenwurst" verwendet, die so

rechtzeitig zugegeben werden muss, dass sie sich noch gut mit dem Brät vermischen kann. Ist die Grundmasse fertig gekuttert, wird der Kutter abgeschaltet und in der Kutterschüssel das Schrotfleisch gleichmäßig auf das Brät verteilt. Nun lässt man den Blitz im langsamen Gang einige Runden laufen und vermischt das Ganze von Hand. Dabei ist es wichtig, den Deckel hochzuklappen und das dort haftende Brät mit einem Schlesinger abzuziehen; diese Masse wird unter die Gesamtmenge gemischt. Es kann sonst leicht passieren, dass unvollständig zerkleinerte Fleischteile in der Wurstmasse sind, die später ein ungleichmäßiges Schnittbild der Wurst bewirken. Ein Schlesinger ist ein Plastikschaber, der in der Metzgerei zum „Ausziehen" von Wurstmasse aus Bottichen u. ä. verwendet wird. Nun lässt man die Masse so lange laufen, bis das Schrotfleisch eine Körnung von ca. 2–3 mm erreicht hat.

Schinkenwurst wird üblicherweise in Rinderkranzdärme (abgebunden zu Ringen) oder in Sterildärme gefüllt. In seltenen Fällen wird diese Wurst auch in Naturindärme gefüllt. Natur- bzw. Naturindärme werden heiß geräuchert, bis sie eine schöne goldgelbe bis leicht rötlich-bräunliche Farbe haben. Sämtliche Därme werden bei 78 °C gebrüht. Rinderkranzdärme sind nach ca. einer Stunde gar, bei Steril- bzw. Naturdärmen rechnet man mit 10–15 Minuten pro Zentimeter Durchmesser.

Bei Hausschlachtungen wird die Wurstmasse sehr oft in Gläser und Dosen gefüllt und eingekocht.

Fleischkäse

Die Materialzusammenstellung bei dieser Wurstsorte entspricht der Schinkenwurst. Anstatt des Knoblauchs wird zu Beginn des Kuttervorgangs Frischzwiebel zugegeben. Als Gewürz kommt die Fertigmischung „Fleischkäse" oder „Feiner Aufschnitt" in Frage. Das Schrotfleisch wird auf eine Körnung von ca.

5 mm gehackt, also etwas größer als bei der Schinkenwurst.

Diese Wurstmasse wird nicht in Därme gefüllt, sondern in speziellen Leberkäseformen gebacken. Bei einer Hausschlachtung können notfalls auch Kastenformen für Kuchen verwendet werden. Bei diesen Formen müssen unbedingt die Innenseiten gut eingefettet werden, vor allem die Ecken, damit sich nach dem Backen die Wurstmasse aus der Form löst. Es kann Schweineschmalz, aber auch pflanzliches Fett verwendet werden. Das Einschmieren geht leichter, wenn das Fett vorher leicht erwärmt wird. Die Wurstmasse wird in die Form geworfen, damit die Luft möglichst entweicht. Anschließend wird die mit Brät gefüllte Form mit einem Schlesinger eben gezogen. Am Anfang noch einmal ordentlich darauf drücken, dadurch entweicht nochmals Luft. Nun wird etwas kaltes Wasser auf die gefüllten Formen gespritzt und sie werden noch einmal mit dem Schlesinger eingeebnet. Durch das Wasser klebt die Masse nicht mehr am Schlesinger, so kann die gefüllte Form wunderbar geglättet werden. Nun können mit der Kante noch Streifen diagonal in das Brät gedrückt werden, nach dem Backen ergibt das ein schönes Muster. Jetzt werden die Formen in der Backröhre gebacken. Beim Hausschlachten geschieht das meist im Elektroherd. Die Formen werden auf ein Blech gestellt und im vorgeheizten Ofen in die untere Etage geschoben. Die Garzeit für eine 3- bis 4-kg-Form beträgt bei 150 °C ca. 3 Stunden. Sollte der Herd nicht gleichmäßig backen, so müssen die Formen während des Backvorgangs einmal untereinander ausgetauscht werden.

Leberkäse

Leberkäse entspricht vom Rohmaterial, den Zutaten und der Verarbeitung weitgehend dem Fleischkäse. Als Schrotfleisch kommen ca. eine Hälfte mageres Schweinefleisch und

Füllen der Fleischkäseformen, von rechts nach links: eingefüllt, gestrichen und geglättet

je ein Viertel magerer Schweinebauch und Schweineleber dazu. Als Gewürz wird außerdem noch gerebelter Majoran dazugegeben.

Knackwurst

Als Rohmaterial nimmt man je zur Hälfte Rind- und Schweinefleisch, davon die Hälfte Eisschnee. Bei einer guten Knackwurst sollte nicht mehr als die Hälfte des Magerfleischanteils kerniger Speck sein (Nacken, Schulter). Das Material wird durch die 3-mm-Scheibe gewolft und kühl gestellt. Nun wird das Brät im Gesamtbrät- bzw. Aufbauverfahren hergestellt (siehe Herstellung von Brät). Es werden 19–23 g Nitritpökelsalz, 3 g Phosphat, Rötemittel und als Gewürz die Fertigmischung „Knackwurst" bzw. „Schinkenwurst" zugegeben. Man kann auch etwas Geschmacksverstärker (Glutamat) und/oder einen Hauch Knoblauch zugeben. Das Brät wird in Schweinebratdärme Kaliber 28/30 mm gefüllt und zu Paaren von ca. 180 g abgedreht. Diese Würste werden nun auf Stöcke aufgehängt und im Heißrauch geräuchert, bis sie eine rötlich-bräunliche Farbe haben. Anschließend werden sie im Kessel bei 78 °C ca. 30 Minuten gebrüht und danach in kaltem Wasser abgekühlt. Die Würste werden nicht einzeln abgetrennt, man hängt immer ca. 20 Würste an einen Haken und spült sie über dem Kessel mit heißem Wasser ab, damit das an den Würsten haftende Fett entfernt wird. Jetzt werden die Würste noch mit einem Lappen abgetrocknet, dabei ist Vorsicht angebracht, damit man die Würste nicht abreißt.

Wiener Würstchen (Saiten)

Das Rohmaterial ist das Gleiche wie bei Knackwurst. Als Speck eignen sich hier Schweinebacken sehr gut; wenn man diese verwendet, kann man den Speckanteil um 10–15 % erhöhen. Neben Nitritpökelsalz wird mit der Fertigmischung „Wiener Würstchen" bzw. „Feiner Aufschnitt" und süßem Paprika gewürzt. Zu Beginn des Kutterns wird Zwiebel (kein Knoblauch!) hinzugegeben, außerdem kommen Phosphat und Geschmacksverstärker dazu. Die Herstellung ist sonst dieselbe wie bei Knackwurst. Das Brät wird aber hier in Saitlinge, Kaliber 22–24 mm gefüllt und abgedreht. Ein Paar wiegt ca. 150 g. Nach dem Heißräuchern werden die Würstchen zu je zwei Paaren abgeschnitten und bei 78 °C 20 Minuten im Kessel gebrüht. Nach dem Abkühlen im kalten Wasser werden diese Doppelpaare auf Stöcke gehängt, über dem Kessel mit heißem Wasser abgeschwenkt und vorsichtig abgetrocknet. Sie sollten im Kühlraum nicht zu lange lagern, da sie schnell austrocknen.

Aufschnitt

In der Metzgerei versteht man unter Aufschnitt oft die gesamte Brühwurstpalette. Ich grenze das hier ein und beschreibe einige Sorten, bei denen das gleiche „Grundbrät" (siehe grober Fleischkäse) verwendet wird. Das Brät besteht also wiederum aus Rind- und Schweinefleisch, Speck und Eisschnee. Der Speck sollte zu mindestens 50 % aus Schweinebacken bestehen. Wegen der intensiven roten Färbung sollte kein Ziegen- oder Schaffleisch hinzugegeben werden, denn das Aufschnittgrundbrät sollte eine sehr helle Farbe haben. Man kann jetzt Fleischteile oder andere Zutaten, z. B. Pilze, Pistazien, Paprikaschoten usw., unter das Brät mischen oder hacken. Oft werden noch sortentypische Gewürze hinzugefügt, da das Grundbrät ja bereits gewürzt ist. Das jedoch kann jeder handhaben, wie er will.

Lyoner

Bei dieser Sorte wird das Grundbrät in Sterildärme mit einem Durchmesser von 60–80 mm gefüllt und anschließend im Kessel gebrüht. Bei Steril- bzw. Naturindärmen beträgt die Garzeit bei 78 °C ca. 15 Minuten je Zentimeter Durchmesser. Werden Paprikaschoten mit dem Kutter eingehackt, wird die Wurst als Paprikalyoner, wenn Champignon-Stücke eingeschrotet werden, wird die Wurst als Pilzwurst bezeichnet. Diese feine Masse kann auch in Leberkäseformen gebacken werden, das ist der Feine Fleischkäse.

Gelbwurst

Dazu kann dieselbe Grundbrätmasse verwendet werden. Diese Wurstsorte wird jedoch statt mit Nitritpökelsalz mit Kochsalz und ohne Umrötehilfsmittel hergestellt. Typisch für diese Sorte ist es jedoch in vielen Gegenden, für das Magerfleisch kein Rindfleisch, sondern ca. 75 % Schweinefleisch und 25 % Kalbfleisch zu verwenden. Das verteuert natürlich die Wurst. Gelbwurst wird normalerweise in die speziell im Handel erhältlichen gelben Sterildärme gefüllt.

Feine Bratwurst

Für diese Bratwurst kann Gelbwurstbrät verwendet werden. Bei feiner Bratwurst wird das Brät in dünne Schweinsdärme (Bratdärme), Kaliber 28–30 mm gefüllt und zu Paaren abgedreht. Diese werden danach bei 78 °C ca. 30 Minuten gebrüht. Bei Nürnberger oder Thüringer Bratwurst wird oft am Ende des Kuttervorgangs gerebelter Majoran hinzugegeben. Bei diesen Sorten ist es üblich, mit reinem Schweinefleisch oder auch Schweine- und Rindfleisch zu arbeiten, also ohne Kalbfleisch. Diese Würstchen werden in engere Bratdärme (26–28 mm) oder auch in weite Saitlinge gefüllt. Bei Oberländer wird das Gelbwurstbrät mit der Füllmaschine statt in einen Darm auf ein Brettchen gespritzt und zwar immer auf eine Länge von ca. 20 cm. Der Durchmesser sollte ca. 3 cm betragen. Das Brät kann mit der Hand nicht geformt werden. Es können drei bis vier Würste parallel nebeneinander gespritzt werden. Nun wird das Brett mit der Wurstmasse in den heißen Kessel getaucht, das Brät löst sich dort vom Brett. Sollten die Würste aneinanderkleben, werden sie im Kessel getrennt, sobald das Brät genügend fest ist. Die Garzeit beträgt bei 78 °C 30 bis 40 Minuten.

Weißwurst ist eine bayerische Spezialität, bei der Kalbfleisch mitverarbeitet wird. Am Ende des Kuttervorgangs wird Petersilie beigehackt. Diese Sorte wird in weite Bratdärme (Kaliber 30–32 mm) gefüllt und 30 Minuten bei 78 °C gebrüht.

Bierschinken

Für Bierschinken wird zunächst schönes sehnen- und fettfreies Schweinefleisch von Schlegel und Schulter in Würfel geschnitten. Die Würfel können eine Kantenlänge von 1–4 cm haben. Sie sollten wegen des Schnittbilds der Wurst nur halbwegs die gleiche Größe haben. Nun werden die Würfel mit Nitritpökelsalz und Gewürz und Umrötehilfsmittel durchgearbeitet, bis sie leimig bzw. bindig werden. Die Salzmenge liegt bei ca. 18–22 g/kg, als Gewürz kommt die Fertigmischung „Bierschinken" dazu, es kann aber auch die Fertigmischung „Aufschnitt" mit Mazisblüte und Koriander verwendet werden. Sind die Würfel gut durchgeknetet, kommen sie in eine Schüssel und werden fest angedrückt, damit die Luft entweicht – so vermeidet man die unerwünschten grauen Stellen. Diese Würfel werden dann einen Tag kühlgestellt, damit sie durchröten. Am Folgetag werden die Würfel noch einmal gut vermengt, dann wird das Brät in mehreren Schritten eingemengt. Das Verhältnis Fleischwürfel/Grundbrät sollte ca. 50 : 50 bis 30 : 70 betragen. Je größer die Würfel sind, desto weniger Grundbrät sollte verwendet werden. Diese Wurst wird in Sterildärme Kaliber 90–120 mm gefüllt. In seltenen Fällen werden auch Rinderbuttdärme bzw. Naturindärme verwendet. Würste in diesen Därmen werden im Kessel gebrüht und nach dem Erkalten einige Stunden im Kaltrauch geräuchert, Würste in Sterildärmen werden nur gebrüht.

Beim Gebackenen Bierschinken kommt dieselbe Masse in Leberkäsformen und wird im Ofen gebacken. Gibt man dieser Masse noch Petersilie und rote Paprikaschoten zu und lässt sie ein bis zwei Runden im Kutter laufen, so bezeichnet man sie als Wiener Braten. Diese Sorte wird ebenfalls im Ofen gebacken. Beim Feinen Bierschinken lässt man Bierschinkenmasse ein bis zwei Runden im Kutter laufen. Die weitere Behandlung ist dieselbe wie beim Bierschinken.

Jagdwurst

Bei Jagdwurst wird mageres, gut entsehntes Schweinefleisch von der Schulter in etwa faustgroße Stücke geschnitten, mit 18–22 g Nitritpökelsalz, Gewürz und Umrötehilfsmittel gut vermengt und kühl gestellt. Als Gewürz verwendet man die Fertigmischung

„Aufschnitt". Am folgenden Tag wird dieses Fleisch auf dem Kutter unter das Aufschnittbrät geschrotet und zwar bis ca. Bohnengröße. Eine Runde vor Beendigung des Kuttervorgangs werden noch ganze geschälte Pistazien zugegeben. Diese erscheinen später im Schnittbild schön leuchtend grün. Das Verhältnis Grundbrät/Schrotfleisch sollte ca. 50:50 betragen. Diese Masse wird gewöhnlich in Sterildärme Kaliber 70 mm gefüllt und anschließend im Kessel gebrüht.

Presskopf

Für diese Wurstsorte werden Schweineschnauzen (Rüssel) bzw. auch die Schweinsköpfe ohne Backe (Masken) gegart, so dass sie gut vom Knochen gehen. Nach dem Erkalten werden die Fleischteile in Streifen von ca. $3 \times 0,5 \times 0,5$ cm geschnitten, mit Nitritpökelsalz und Gewürz vermengt und kühlgestellt. Als Gewürz verwendet man die Fertigmischung „Presskopf" bzw. Aufschnittgewürz und Pfeffer. Nach einigen Stunden schon können diese Streifen weiterverarbeitet werden. Davor werden Gurken ebenfalls in Streifen geschnitten, die halb so groß wie die Fleischstreifen sein sollten. Diese werden gut ausgedrückt, damit der Essig wegläuft. Nun werden die Fleischteile und die Gurkenstreifen gut vermengt. Das Aufschnittbrät wird wie beim Bierschinken nach und nach daruntergemengt. Das Verhältnis der Streifen zum Grundbrät sollte mindestens 50 : 50 sein. Die Masse wird in Sterildärme Kaliber 70–90 mm bzw. in Rinderbutten gefüllt und gebrüht. Rinderbutten werden nach dem völligen Erkalten noch leicht im Kaltrauch nachgeräuchert.

Krakauer (Geräuchte Schinkenwurst)

Diese Wurst hält sich länger als andere Brühwurstsorten wie Schinkenwurst, Fleischkäse o. Ä., deshalb ist auch die Verarbeitung eine andere. Diese Sorte eignet sich außerdem sehr gut für Haushalte, in denen Schafe oder Ziegen geschlachtet werden. Für diese Wurst kann auch das Fleisch älterer Tiere, und zwar sämtlicher Arten (Ziegenböcke, Schafböcke, Kühe, Sauen), mitverarbeitet werden – zu einer guten Wurst. Hier kann man alte Schafe und Ziegen gut verwerten, während man sie sonst oft fast verschenken muss.

Auch hier wird zunächst ein Grundbrät hergestellt, aber nur mit dem Rindfleisch und dem Eisschnee. Das Rindfleisch muss grob entsehnt und entfettet sein, zu einem Teil kann auch Kopffleisch vom Rind mitverwendet werden. Das Rindfleisch kann teilweise oder ganz durch Schaf- oder Ziegenfleisch ersetzt werden. Das Fleisch sollte aber nicht von jungen Tieren (Lämmern) sein, weil dann die Bindung nicht ausreichend ist. Außerdem ist es zu schade dafür.

Die Eisschneemasse beträgt bei diesem Grundbrät nur ca. ein Viertel der Fleischmenge, da die Wurst nachher haltbarer sein soll. Deshalb ist es zu empfehlen, das Fleisch zunächst zu wolfen und anschließend anzufrieren – dazu schichtet man es am besten auf einem Backblech oder in einer flachen Schüssel 5–10 cm hoch. Als Schrotfleisch kommt Schweinefleisch von Bug und Schlegel, Schweinebauch, Speck von Schulter und Nacken dazu. Hier ist es sehr wichtig, dass der Speck kernig ist. Je nachdem, wie mager oder fett die Wurst gewünscht wird, ist das Rohmaterial auszuwählen. Das Einlagenfleisch wird durch die Schrotscheibe gewolft oder walnussgroß geschnitten und ebenfalls gekühlt, aber nicht angefroren. Der Anteil des Schrotfleischs an der Gesamtmasse sollte ca. 70 % betragen.

Nun kommt das angefrorene und gewolfte Rindfleisch auf den Kutter, es wird sofort Knoblauch zugegeben. Man lässt das Material einige Runden laufen, dann wird 18–22 g Nitritpökelsalz und 3 g Phosphat (berechnet auf das Gesamtmaterial einschließlich Schrotfleisch, aber ohne Eisschnee) zugegeben und mit dem Kutter eingearbeitet. Nun wird der Eisschnee so zugegeben, dass die Temperatur um den Gefrierpunkt liegt, das ist auch die Endtemperatur des Grundbräts. Rötemittel wird zum Schluss des Magerbrächackens zugegeben. Verwendet man Fleisch als Einlage, so wird es jetzt dem Brät zugegeben und zwei bis drei Runden im Kutter laufen gelassen. Jetzt werden auch die Gewürze und Geschmacksverstärker zugegeben. Man kann die Fertigmischung „Krakauer" oder aber Pfeffer, Muskat, Paprika, Koriander und Kümmel verwenden. Nun werden die Fetteile (Bauch, Speck usw.) eingebuttert, man lässt den Kutter so lange laufen, bis die gewünschte Körnung erreicht ist (ca. 3 mm).

Die Masse wird üblicherweise in Naturindärme gefüllt, sie kann aber auch in Rinderkranzdärme, angebunden zu Ringen, gefüllt werden. Die Wurst wird ein bis eineinhalb Stunden heiß geräuchert und anschließend bei 78 °C gebrüht (Garzeit siehe Schinkenwurst). Nach dem völligen Erkalten werden die Würste im Kaltrauch ca. 8–10 Stunden geräuchert. Die Wurstmasse kann selbstverständlich auch in Dosen oder Gläser gefüllt werden.

Bierwurst

Bei Bierwurst wird dasselbe Grundbrät wie bei Krakauer verwendet. Man kann also durchweg zunächst Grundbrät für beide Sorten herstellen und anschließend jede Sorte einzeln fertig hacken. Der Einlagenfleischanteil sollte aber bei beiden Sorten gleich hoch sein, da sonst die Salz- bzw. Phosphatmenge nicht stimmt. Als Schrotfleisch verwendet man mageren, kernigen Schweinebauch und Schweinefleisch von Schulter und Schlegel. Diese Sorte ist in der Regel vom Rohmaterial her besser als Krakauer. Für das Grundbrät sollte auch nicht unbedingt Kopffleisch verwendet werden. Dem Grundbrät wird das

Gewürz (Fertigmischung „Bierwurst") und Geschmacksverstärker beigegeben, der Bauch wird hier zunächst einige Runden im Kutter laufen gelassen. Anschließend wird das magere Schweinefleisch der Masse zugegeben. Man kuttert solange, bis das Fleisch eine Körnung von 3–5 mm erreicht hat.

Diese Masse wird in die speziellen Bierkugeldärme gefüllt (kugelförmiger Naturindarm), man kann sie aber auch in Schweinsblasen füllen. Der Räucherprozess ist derselbe wie bei Krakauer. Die Garzeit beträgt je nach Kugelgröße bei 78 °C zwei bis dreieinhalb Stunden. Auch diese Masse kann in Gläser oder Dosen gefüllt werden.

Fleisch und andere Erzeugnisse aus der Schlachtung

Fleischwaren

Eisbein im Aspik

Man schneidet dazu Fleischteile von Bauch, Schulter, Hals in Würfel von ca. 5 cm Größe. Die Fleischteile werden nach der gewünschten Qualität ausgesucht. Die Schwarte bleibt dabei am Fleisch, wenn man fette Fleischteile verwendet, sollte darauf geachtet werden, dass der Speck kernig ist. Viele Leute wollen Eisbein gar nicht zu mager.

Das vorgeschnittene Material wird mit Salz, Pfeffer, Geschmacksverstärker und etwas Mazisblüte gewürzt, gut vermengt und einen Tag kühl gestellt. Wird Nitritpökelsalz verwendet, sollte etwas Umrötehilfsmittel zugegeben werden.

Nun setzt man die leeren Knochen (Rohrknochen, Schaufel, Schlossknochen) und die Spitzbeine (untere Füße) dicht in einen Topf. Dieser wird mit Wasser so weit aufgefüllt, dass die Knochen gerade noch mit Wasser bedeckt sind, dann werden die Knochen gekocht, bis sich das Fleisch gut löst. Möglicherweise muss man während des Kochens etwas Wasser nachschütten, wenn man jedoch zu viel Wasser zugibt, wird nachher das Aspik nicht fest. Sind die Knochen gar, wird die Fleischbrühe abgeschüttet, man gießt sie im Anschluss daran noch durch ein Haarsieb, dann wird sie zum Auskühlen weggestellt. Hier muss man Sorgfalt walten lassen, damit die Brühe nicht sauer wird. Am besten verwendet man ein Gefäß mit einer großen Oberfläche, damit der Kühlprozess schnell verläuft. Das Gefäß darf nicht abgedeckt werden. Nun werden die Dosen bzw. Gläser mit dem Fleisch gefüllt. Auf der Fleischbrühe hat sich ein Fettdeckel gebildet, er wird abgezogen. Da die Brühe sulzig ist, wird sie leicht erwärmt, dadurch wird sie wieder flüssig. Nun werden die Dosen bzw. Gläser mit der Brühe aufgefüllt. Man nimmt am besten einen Rührlöffel und sticht damit an der Seite des Glases bzw. der Dose bis auf den Boden, damit die Luft entweichen kann. Wenn es nötig ist, wird nochmals Fleischbrühe nachgeschüttet. Wenn Dosen verwendet werden, die mit der Maschine verschlosssen werden, dann wartet man ab, bis die Fleischbrühe geliert ist, sonst spritzt beim Verschließen der Dosen durch die Fliehkraft die Fleischbrühe nach außen. Das Füllen und die weitere Behandlung der Dosen bzw. Gläser ist dem Kapitel „Konservieren von Fleisch- und Wurstwaren" zu entnehmen. Eisbein im Aspik wird von Feinschmeckern zum Vesper geschätzt.

Schweine-Nierenbraten

Für den Nierenbraten nimmt man einen ganzen Schweinebauch, löst die Rippen aus und entfernt die Knorpel. Nun wird die innere Seite (Fleischseite) sauber vom Speck abgetrennt, dabei sollten keine Löcher entstehen. Die obere Seite wird mit Salz, Pfeffer, etwas Mazisblüte und Koriander gewürzt. Nun werden Schweinenieren darauf gelegt, der Fleischlappen mit den Nieren wird gerollt, er kann mit Wurstgarn gebunden werden. Besser ist es, den Braten in ein Netz zu ziehen. Dieser Braten wird wie ein Schweinebraten in der Pfanne angebraten, vor dem Essen wird er mit dem Elektromesser in Scheiben aufgeschnitten.

Filet-Rollbraten

Magerer ganzer Schweinebauch wird für den Rollbraten verwendet. Er sollte nicht zu dick sein. Die Rippen werden ausgelöst, dann wird der weiche Speck (Griff usw.) abgetrennt. Die Innenseite des Bauches (Rippenseite) wird mit Salz, Pfeffer, Paprika und Curry gewürzt, die ganzen Filets werden daraufgelegt. Für einen Bauch benötigt man zwei Lenden. Der Bauch wird gerollt und in ein Fleischnetz gezogen. Die weitere Behandlung ist die gleiche wie beim Spanferkel-Rollbraten, dabei bleiben die Lenden schön saftig.

Spanferkel

Die Meinungen darüber, was ein Spanferkel ist, wie groß es sein soll und wie es zubereitet wird, gehen weit auseinander. Die Zubereitung von Spanferkeln wurde vor etwa dreißig Jahren aus südlichen Ländern, wo es echte Spezialisten dafür gibt, nach Deutschland gebracht. Auch die Deutschen kamen rasch auf den Geschmack und übernahmen diese Tradition.

Das Lebendgewicht eines Spanferkels kann sehr unterschiedlich sein. Für ein kaltes Büffet werden oft schon Ferkel mit 8–10 kg Lebendgewicht verarbeitet. Im Allgemeinen aber hat es sich eingebürgert, Ferkel bei einem Gewicht von 25–30 kg zu schlachten.

Was ist nun ein Spanferkel? Ist es denn kein normales Ferkel? Diese Frage muss mit Ja und Nein beantwortet werden. In der Praxis werden solche Ferkel als Spanferkel bezeichnet, die für die Mast ungeeignet sind bzw. die ein Händler zum vollen Preis nicht aufkauft. Das können Zwitter, Binneneber, Ferkel mit Bruch o. ä. sein. Diese Tiere sind zwar gesund, sollten aber bis zu einem Lebendgewicht von ca. 50 kg geschlachtet werden, bevor bei männlichen Tieren der Ebergeruch auftritt. Spanferkel können auch Tiere sein, bei denen die Gliedmaßen nicht normal entwickelt sind oder die einen krummen Rücken haben. Diese Tiere können natürlich bedenkenlos verzehrt werden.

Nun zur Verarbeitung. Die Spanferkel werden wie jedes andere Schwein geschlachtet, d. h. getötet und gebrüht, die Innereien werden herausgenommen. Das Brühen kann in einer Blechwanne von 80–100 l geschehen, so kann Wasser gespart werden. Die Temperatur des Brühwassers darf nicht so hoch sein wie bei einem Mastschwein, da diese jungen Tiere noch eine sehr weiche Haut haben. Wird das Tier nachher am Stück gegrillt, darf weder

das Brustbein geöffnet noch der Rücken gespalten werden. Die Zunge wird gelöst und durch den Brusteingang gezogen. Wenn das Spanferkel ausgebeint wird, spaltet man es wie ein Schwein in zwei Hälften. Auch Spanferkel sind fleischbeschaupflichtig.

Bei der Zubereitung gibt es die verschiedensten Varianten, hier können nur die wichtigsten erläutert werden.

Spanferkel am Stück
Das Spanferkel wird, wie bereits erwähnt, weder in der Mitte gespalten noch wird das Brustbein geöffnet. Das Ferkel wird einen Tag kühl gelagert, dann werden mit dem Messer im Abstand von 3–5 cm Schnitte diagonal über den ganzen Schlachtkörper gezogen. Nun wird eine Mischung von Kochsalz, Pfeffer, Paprika, Curry und Geschmacksverstärker (Glutamat) hergestellt. Das Ferkel wird innen und außen mit dieser Mischung eingerieben. Im Fachhandel gibt es auch Fertigmischungen, die verwendet werden können. Dort, wo die Fleischteile dicker sind (Schlegel, Schulter, Kotelett, Hals), wird mit einem spitzen, nicht zu breiten Messer des Öfteren bis auf den Knochen gestochen und das Fleisch weggedrückt, auch in diese Löcher wird die Gewürzmischung gestreut. Das ist sehr wichtig, weil sonst das Ferkel nicht vollständig durchgewürzt ist. Nun wird das Ferkel noch einmal ein bis zwei Tage kühl gestellt, damit es noch etwas durchziehen kann.

Das Spanferkel kann auch gepökelt werden. Dazu wird eine 10gradige Lake (wie beim Kochschinken) hergestellt und im Muskelspritzverfahren gepökelt. Anschließend kommt das Ferkel in ein Pökelgefäß, das mit derselben Lake aufgefüllt wird, dort bleibt es drei bis vier Tage. Nun kann das Ferkel gegrillt oder in der Backröhre gebacken werden. Das Grillen ist ein sehr langwieriger Prozess, bis das Ferkel völlig gar ist, können durchaus sechs bis acht Stunden vergehen. Es wäre schade, wenn das Ferkel serviert wird und an den Knochen nicht gar ist. Hat das Ferkel während des Grillens die gewünschte Farbe erreicht, muss es mit Alufolie eingewickelt werden, sonst verkohlt die Haut und das Ferkel schmeckt verbrannt.

Zum Backen in der Röhre wird das Ferkel in eine große Pfanne gelegt. In die Pfanne kommt etwas Wasser, damit das Ferkel nicht anbrennt. Während des Bratvorgangs wird es einige Male gewendet, damit es gleichmäßig durchgart und die Haut schön gleichmäßig bräunt. Das Fleisch wird immer wieder mit dem Bratensaft in der Pfanne übergossen. Es kann auch Bier darüber geschüttet werden, das ergibt zum einen eine sehr schöne Farbe und zum anderen einen guten Geschmack, auch trocknet das Fleisch nicht so schnell aus bzw. die Schwarte wird nicht so hart. Aus dem Bratensaft kann eine sehr pikante Soße hergestellt werden. Zum Backen wird eine große Backröhre benötigt – z. B. ein Brotbackofen, wie er noch vereinzelt in den Landhaushalten anzutreffen ist. Man kann das Ferkel auch bei einem Metzger, einem Bäcker oder in einer Großküche backen lassen. Die Backzeit beträgt bei 150 °C ca. vier Stunden, aber es ist zu empfehlen, das Garen zu kontrollieren, da die Größe und das Alter des Tieres dabei eine Rolle spielen.

Zweifelsohne ist das die traditionellste Art der Zubereitung von Spanferkeln, der Aufwand aber ist groß und zudem besteht die Gefahr, dass das Spanferkel nicht überall gleichmäßig gewürzt ist. Außerdem sind beim Aufteilen vor dem Verzehr bzw. beim Essen die Knochen im Weg und ein gleichmäßiges Verteilen der Teilstücke ist nicht möglich. Es kann vorkommen, dass eine Person nur Fleisch vom Schlegel bekommt, die andere nur Fleisch vom Bauch. Schließlich muss auch immer ein ganzes Ferkel gegrillt oder gebacken werden.

Spanferkel in Teilstücke zerlegt

Das gespaltene Ferkel wird in grobe Teilstücke zerlegt, wie bereits beschrieben gewürzt und in eine Bratpfanne gelegt. Auch hier muss etwas Wasser in die Pfanne, damit das Fleisch während des Bratvorgangs nicht anbrennt. Nun wird das Fleisch gebacken. Diese Methode hat den Vorteil, dass das Ferkel nicht so viel Platz im Ofen braucht. Wenn das Ferkel nicht so groß ist, kann es durchweg im Elektroherd gebacken werden. Außerdem muss nicht das ganze Ferkel auf einmal gebacken werden, sondern es können Teilstücke eingefroren und zu einem anderen Anlass verwendet werden. Besonders wenn nur wenige Personen am Essen teilnehmen, hat sich das sehr gut bewährt. Auch diese Teilstücke können im Muskelspritzverfahren gepökelt werden.

Spanferkel als Rollbraten

Diese Methode ist heute sehr verbreitet, sie hat sich auch gut bewährt. Das Spanferkel wird in der Mitte gespalten und einen Tag ausgekühlt, dann wird es vollständig ausgebeint. Man kann pro Hälfte drei oder auch nur einen Rollbraten anfertigen. In jedem Fall trennt man zunächst den Kopf ab. Bei drei Rollbraten wird das Filet herausgeschnitten und der Schlegel abgetrennt. Nun wird der Bug abgelöst, Schlegel und Bug werden wie beim Schwein ausgebeint. Das Bauch-Kotelett-Hals-Stück bleibt beisammen. Zunächst werden die Rippen bis an die Kotelett- bzw. Halsknochen herausgezogen. Die Rippen einschließlich des Kotelett-Hals-Knochens können auch in einem Stück heruntergetrennt werden. Auch die Knorpel am Bauch und am Hals werden entfernt. Nun wird vom Schlegel und von der Schulter Fleisch abgeschnitten und auf den Bauch verteilt. Die Schwarte an Schlegel und Schulter darf dabei nicht verletzt werden. Nun werden der Schlegel, die Schulter und der Bauch mit den Fleischteilen zusammen gerollt. Die Teilstücke sollten ungefähr die gleiche Stärke haben, wenn das nicht der Fall ist, muss ausgeglichen werden. Die Stücke werden wieder aufgeklappt und die Fleischteile vom Bauch entfernt. Nun werden bei Schulter, Schlegel und der Kotelett-Hals-Partie mit dem Messer alle 3–5 cm in Längsrichtung Schnitte bis nahezu auf die Schwarte gezogen. Zwischen diese Schnitte wird die bereits beschriebene Salz-/Gewürzmischung gestreut. Dann werden die Fleischseiten von Schlegel-, Schulter- und Bauchpartie ebenfalls bestreut. Die Fleischabschnitte von Schlegel und Bug werden wieder auf dem Bauch verteilt und ebenfalls gewürzt, dann werden die drei Rollbraten gerollt und mit einer großen Nadel und Wurstgarn geheftet. Jetzt kann der Rollbraten mit Wurstgarn gebunden werden. Einfacher ist es jedoch, sich im Fachhandel ein Fleischnetz zu besorgen. Dieses Netz ist dehnbar, es wird auf ein Kunststoffrohr gezogen, dann wird der Rollbraten mit einem Fleischhaken durch das Rohr gezogen – so kommt das Fleisch in das Netz. Schließlich werden die Rollbraten noch außen mit der Salz-/Gewürzmischung eingerieben.

Wird nur aus einer Hälfte ein Rollbraten hergestellt, so müssen die Knochen an der Ferkelhälfte ausgelöst werden, die Hälfte darf also nicht in Teilstücke zerlegt werden. Es wird ebenfalls wieder Fleisch von Schlegel und Schulter heruntergetrennt, der weitere Ablauf ist derselbe wie bereits beschrieben. Sehr beliebt ist es, die Schlegel eines Spanferkels zu Kochschinken zu verarbeiten, das ergibt einen sehr zarten und saftigen Schinken. Der Rest wird zu Rollbraten verarbeitet.

Die Rollbraten werden einen Tag kühl gestellt und, wie bereits erwähnt, in der Pfanne gebacken.

Diese Methode hat viele Vorteile. Dadurch, dass von Schulter und Schlegel Fleisch abgeschnitten und in den Bauch gerollt wird, sind die Portionen in der Qualität sehr gleich-mäßig. Beim Backen wird viel Platz gespart, außerdem können hierbei sehr gut Portionen für den späteren Verzehr eingefroren werden. Von Vorteil ist auch, dass die Braten gut und gleichmäßig gewürzt werden können, zudem sind beim Portionieren und Essen keine Knochen im Weg.

Kochpökelwaren

Kochpökelwaren stellt man durch Salzen (Pökeln) und Garen bestimmter Fleischteile (meist vom Schwein) her. Als Ausrüstung sind ein Lakemesser, eine Lakespritze sowie Kochschinken- bzw. Rippchenformen erforderlich. Das Salzen wird üblicherweise im Schnellpökelverfahren durchgeführt. Dieses Verfahren unterscheidet sich vom normalen Pökeln darin, dass die Lake mit der Lakespritze in das Innere der Fleischstücke gespritzt wird. Dadurch wird der Pökelprozess erheblich verkürzt, andererseits leidet die Lagerfähigkeit darunter. Für rohen Schinken ist diese Pökelart nicht geeignet. Als Fleischteile kommen nahezu sämtliche Stücke in Frage, bevorzugt werden Oberschale, Unterschale, Kotelett, Hals und Schulter.

Bei der Schnellpökelung werden Muskelspritzverfahren und Aderspritzverfahren unterschieden. Beim Aderspritzverfahren wird, wie es der Name schon sagt, die Lake in eine Hauptader gespritzt, sie verteilt sich durch die weitere Verzweigung der Adern im gesamten Fleischstück. Bei diesem Verfahren ist es sehr wichtig, beim Zerlegen sorgfältig zu arbeiten, bei verletzten Adern verteilt sich die Lake nicht im ganzen Fleischstück. Bei dieser Methode ist es auch nicht möglich, nur bestimmte Teilstücke (wie z. B. eine Unterschale) zu pökeln, denn so ist das Adernsystem unterbrochen. Dieses Spritzverfahren erfordert außerdem Fingerspitzengefühl beim Spritzen, es darf nicht mit zu hohem Druck

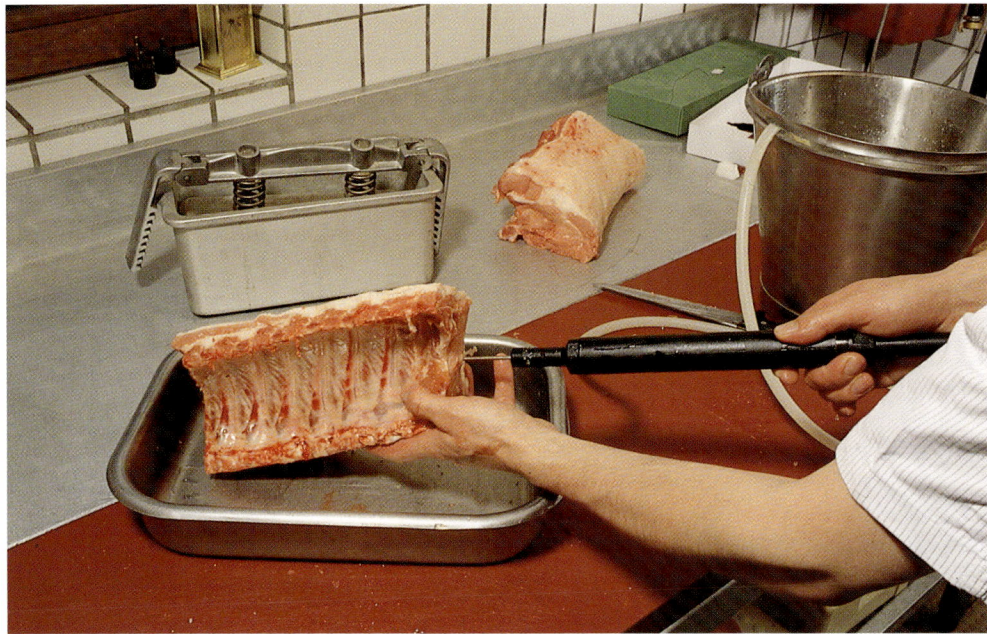

Spritzen der Ripple mit der Handspritze

gearbeitet werden, da sonst die Adern platzen.

Weit verbreitet und heutzutage üblicher ist das Muskelspritzverfahren, bei dem die Lake in das Fleisch gespritzt wird. Ein Vorteil dieses Verfahrens ist, dass sehr gut nur einzelne Fleischteile verwendet werden können. Wichtig ist dabei, dass mit der Nadel jede Stelle im Fleischstück erfasst wird. Gewöhnlich sticht man mit der Nadel im Abstand von ca. 4 cm quer zu den Fasern ein. Während man die Lake einspritzt, zieht man die Spritze langsam zurück. Es ist sehr zu empfehlen, die Fleischstücke mit der Waage zu kontrollieren, die Lakemenge, die in die Fleischstücke gespritzt wird, sollte ca. 8–10 % betragen. Ist die Lakemenge zu niedrig, wird ein vollständiges Durchpökeln oft nicht erreicht. Andererseits zerreißen bei zu hoher Lakemenge die Muskeln im Fleischstück.

Sind die Fleischteile gespritzt, werden sie in ein Pökelgefäß gelegt und kühl gestellt. Das Gefäß wird mit Lake derselben Stärke so weit aufgefüllt, dass sämtliche Fleischstücke vollständig in der Lake liegen. Sollte dies nicht möglich sein, müssen die Fleischteile mindestens zweimal täglich gewendet werden.

Unter Lake versteht man eine Mischung aus Wasser, Salz und u. U. Gewürzen und Zusatzstoffen. Hierbei ist es wichtig, dass das Verhältnis Wasser zu Salz (die Lakestärke) stimmt, sie wird in Deutschland in Baumégraden gemessen. In der Umgangssprache spricht man von „Grad". Es gibt zum Messen der Lakestärke spezielle Lakemesser, die sehr günstig im Fachhandel erhältlich sind. In der Hausmetzgerei wird oft mit Eiern gearbeitet, dic auf der Lake schwimmen müssen, wenn die Lakestärke stimmt. Diese Methode ist sehr ungenau.

Nun wird die Lake angerührt. Zum Spritzen von Kochpökelwaren wird in der Regel Nitritpökelsalz verwendet. Bei Verwendung von Kochsalz ist die Farbe der fertigen Produkte grau wie beim fertigen Braten. Es ist völlig gleichgültig, ob man zuerst Salz oder Wasser in ein Gefäß gibt. Das Ganze wird so lange umgerührt, bis sich das Salz völlig aufgelöst hat. Nun wird die Lake gemessen. Es wird so lange mit Salz oder Wasser ausgeglichen, bis die gewünschte Stärke erreicht ist.

Oft wird der Lake noch Geschmacksverstärker (Glutamat) zugegeben. Wenn die Lakestärke stimmt, wird dieser Zusatzstoff einfach in die Lake gerührt. Dasselbe gilt für Umrötehilfsmittel. Es ist häufig beim Hausschlachten üblich, der Lake noch Gewürze beizumischen, das kann Pfeffer, Wacholder, Lorbeerblatt, Piment, Nelken, Knoblauch o. Ä. sein. Dazu werden die Gewürze im Wasser aufgekocht und abgesiebt, dann wird diese Gewürzbrühe mit der Lake vermischt. Man sollte es mit diesen Gewürzen aber nicht übertreiben, da sich das im fertigen Produkt oft aufdringlich im Geschmack auswirkt.

Kochschinken

Zur Herstellung von Kochschinken können Schweineschlegel und Schweineschultern oder Teilstücke davon verwendet werden. Werden vom Schlegel Kochschinken hergestellt, ist es üblich, diesen zunächst auszubeinen, also die Haxe abzutrennen und die Schwanzfeder, den Schlossknochen und den Rohrknochen auszulösen. Nun wird auf dem Schlegel die Schwarte mit dem Speck abgetrennt, anschließend schneidet man die Nuss und das Mürbe Stück (Hüfte) ab. Normalerweise werden Ober- und Unterschale am Stück weiterverarbeitet. An der Unterschale wird das Wadenstück abgeflacht, es darf nicht

ganz herausgeschnitten werden, das würde ein Loch im Schinken geben. Das Fleischstück wird nun auf beiden Seiten gerade geschnitten. Ober- und Unterschale bleiben also an einem Stück. Es kann auch nur die Unterschale oder das Nussstück verwendet werden. An der Nuss wird das Kniegelenk herausgeschnitten. An diesem Fleischstück ist ein flaches Stück Fleisch angewachsen, dieses wird an der Naht abgetrennt, da es sonst beim Aufschneiden des fertigen Schinkens abfällt. Die Schulter wird üblicherweise auch ausgebeint und die Schwarte mit dem Speck abgetrennt. Von der Schulter wird nur der dicke Bug verwendet. Am besten geeignet zur Kochschinkenherstellung sind zweifelsohne Ober- und Unterschale. Die Fleischbeschaffenheit von Nuss und dickem Bug ist grobfaseriger und nicht so saftig.

Die Lake sollte eine Stärke von 10 Grad haben. Sie wird mit Nitritpökelsalz hergestellt, außerdem werden Geschmacksverstärker (Glutamat) und Umrötehilfsmittel zugegeben. Die jeweiligen Fleischstücke werden im Muskelspritzverfahren gespritzt. Beim Spritzen muss sorgfältig gearbeitet werden, damit keine Stellen entstehen, die nicht durchgepökelt sind. Man legt die Stücke am besten in eine flache Schüssel und sticht alle 4 cm immer parallel zum Tisch ein. Ist das Fleischstück länger als die Spritznadel, muss von beiden Seiten gespritzt werden. Nun werden die Fleischstücke in einen Behälter gelegt und mit Lake derselben Stärke übergossen, bis die Fleischteile vollständig unter Wasser liegen. Es ist zu empfehlen, diese Stücke nach dem Spritzen zwei bis drei Tage in der Lake liegen zu lassen, dann sind sie normalerweise durchgezogen. Nun werden sie gegart. Dazu werden die Stücke in die Kochschinkenform gelegt, der Deckel kommt auf die Form und das Fleischstück wird angepresst. Das muss mit Fingerspitzengefühl passieren, denn wenn zu leicht gepresst wird, bekommt das Fleischstück nicht die gewünschte Form; wird auf der anderen Seite zu stark gepresst, drückt man unnötig Saft aus dem Fleisch und der Schinken ist nach dem Kochen trocken. Nun gibt man etwas Nitritpökelsalz, Geschmacksverstärker (Glutamat) und Umrötehilfsmittel in die geschlossene Form und füllt die Form mit heißem Wasser bis 2 cm unter den Rand auf. Dadurch werden die aufgeführten Stoffe aufgelöst. Wird nur Wasser, also kein Salz und Zusatzstoffe, in die Form gegeben, so ziehen während des Garens diese Stoffe aus dem Fleisch und das Fertigprodukt wäre fade und die schöne rote Farbe fehlt. Nun kommt die Form in den Kessel. Das Wasser im Kessel sollte bis knapp unter den Formenrand reichen. Die Schinken werden bei ca. 80 °C zweieinhalb bis viereinhalb Stunden gegart, je nach der Größe des Fleischstücks. Nach dem Garen bleibt der Schinken bis zum völligen Erkalten in der Form mit dem Wasser und den Zusatzstoffen. Die Form sollte dazu in einen kühlen Raum gestellt werden.

Kochschinken kann vor dem Garen auch angeräuchert werden, das mag durchaus den Geschmack verfeinern. Wird aber zu stark geräuchert, dominiert nachher am fertigen Schinken der Rauchgeschmack. Außerdem trocknen dabei die Fleischstücke aus und der Schinken hat nach dem Garen nicht die gewünschte saftige Struktur.

Gekochte Rippchen, Kasseler
Für gekochte Rippchen werden unausgebeinte Kotelettstränge verwendet. Dabei ist es sehr wichtig, dass beim Abspalten und beim Abtrennen des Rückenspecks der Strang nicht verletzt wird. Außerdem muss beim Zerlegen darauf geachtet werden, dass ein schöner Stiel am Kotelettstrang bleibt. Wird das nicht beachtet, zerfällt nachher das fertige Rippchen. Unter Kasseler versteht man ausgebeinte Kotelettstränge bzw. ausgebeinte Stücke vom Hals. In der Fleischerei werden die Rippchen in speziellen Alufässern gekocht. Da in der Hausmetzgerei oft nur ein kleines Stück Kotelett zu Rippchen verarbeitet wird, kann auch eine Kochschinkenform verwendet werden. Am besten ist dazu eine runde Kochschinkenform geeignet. Das Kotelettstück wird mit der Fleischseite nach unten gelegt und der Knochen wird mit dem Deckel nach unten gedrückt. Dabei ist es ratsam, das Kotelettstück vor dem Spritzen der Formlänge entsprechend abzuschneiden, damit es nachher

in die Form passt. Es ist wichtig, die Rippchen in der Form zu kochen, da sie beim Kochen ohne Form krumm werden. Alles Weitere wie bei der Herstellung von Kochschinken. Die Garzeit beträgt ca. zweieinhalb Stunden.

Gepökelter Bauch

Dazu wird der Bauch mit der Schwarte verwendet. Die Rippen können, müssen aber nicht herausgelöst werden. Wichtig ist es, dass der weiche Speck (Griff und Speck vom Schlegel her) abgetrennt wird. Beim Herstellen der Lake muss unterschieden werden, ob der Bauch nach dem Spritzen ohne weitere Behandlung gekocht bzw. gegrillt wird. Wird er gegrillt, wird häufig der Bauch noch mit einer Salz-/Gewürzmischung von außen eingerieben. In diesem Fall muss die Lake schwächer sein (7–8 Grad genügen), ansonsten verwendet man ebenfalls 10gradige Lake. Der Bauch kann in einer runden Kochschinkenform gekocht werden, dazu wird er vorher gerollt. Er kann ebenso in einem Topf gekocht werden. Dabei beträgt je nach Stärke des Bauches die Garzeit bei ca. 80 °C etwa eineinhalb bis zweieinhalb Stunden. Sehr beliebt ist auch der gegrillte Bauch. Dieser kommt ca. eineinhalb Stunden in die Backröhre (bei 150 °C). Während des Grillens kann der Bauch einige Male mit Bier übergossen werden, das gibt einen deftigen Geschmack.

Gepökelte Schälrippchen, Eisbeine

Schälrippchen werden in 5-8 cm breite Streifen, Eisbeine in 5 cm breite Stücke gehackt oder gesägt, mit Salz, Pfeffer, Geschmacksverstärker (Glutamat) leicht eingerieben und in ein Pökelgefäß gelegt. Nun wird eine 8-gradige Lake darüber gegossen, bis die Knochen unter Wasser liegen. Schälrippchen sind in zwei Tagen, Eisbeinstücke in vier bis fünf Tagen durchgesalzen. Werden ganze Eisbeine gepökelt, muss je nach Größe mit zehn bis vierzehn Tagen gerechnet werden. Noch

besser geeignet ist bei ganzen Eisbeinen die Schnellpökelung (Muskelspritzverfahren). Die Eisbeine und Schälrippchen können gekocht oder gegrillt werden (siehe gepökelter Bauch).

Rohpökelwaren

Rohschinken (Geräucherter Schinken)
– Nasspökelung

Für diesen Schinken verwendet man die Nuss, das schiere Stück von der Schulter (dicker Bug), Oberschale, Unterschale, Hals bzw. Teilstücke von den aufgeführten Fleischteilen des Schweins. An den Stücken von Schlegel und Schulter können Schwarte und Speck bleiben, das ist jedem selbst überlassen. Wichtig ist, dass das Fleisch sauber ausgebeint und zugeschnitten ist. Es dürfen keine Löcher oder Schnitte im Fleisch sein.

Dieses Fleisch wird nun eingesalzen. Man nimmt dazu am besten einen Plastikbehälter (großer Plastikeimer, spezieller Pökelbottich). Dieser wird gründlich ausgewaschen. Nun streut man auf den Boden etwas Salz, eine Schicht Fleisch wird satt hineingelegt. Dann wird wieder etwas Salz darüber gestreut und es folgt die nächste Schicht Fleisch, dann wieder Salz usw.

Nun wird eine 10gradige Lake hergestellt. Wenn man will, können einige Pfefferkörner, Wacholderbeeren, einige Lorbeerblätter und Nelkenspitzen in etwas Wasser aufgekocht werden. Diese Gewürze werden abgesiebt und der Sud der Lake zugegeben. Die Lake wird über das Fleisch gegossen, so dass die Fleischstücke unter Wasser liegen. Der Pökelbottich wird kühl gestellt. Es muss immer wieder kontrolliert werden, ob die Lake noch gut riecht. Im Bedarfsfall Lake abschütten und neue herstellen.

Bis das Fleisch von Schweinen normaler Größe (100–130 kg Lebendgewicht) durchge

salzen ist, vergehen ca. vier Wochen. Das Fleisch kommt dann aus dem Pökelgefäß und wird abgewaschen. Falls es nötig ist – das muss jeder selbst herausfinden – wird es einige Stunden bis zu einem Tag in kaltem Wasser gewässert. Nun wird durch jedes Fleischstück ein Bindfaden (Wurstgarn) gezogen und das Fleisch wird in der Räucherkammer bzw. im Räucherschrank aufgehängt. Dort lässt man es ohne Einwirkung von Rauch einen Tag trocknen.

Rohschinken wird kaltgeräuchert. Der Schwerpunkt liegt auf kalt, d. h. der Rauch darf eine Temperatur von maximal 25 °C haben, da der Schinken sonst außen abschließt und sich ein Trockenrand bildet. Der Schinken hat, bis er fertig geräuchert und zwei Wochen abgehängt ist, einen Gewichtsverlust von 30–40 % durch die Abgabe von Wasser. Hat sich um den Schinken ein Trockenrand gebildet, so kann er nicht mehr atmen, das Wasser kann aus dem Fleisch nicht austreten und der Schinken beginnt zu schimmeln. Der Schinken wird dadurch ungenießbar und könnte bei Verzehr Gesundheitsschäden hervorrufen. Die Räucherdauer beträgt normalerweise acht bis zehn Tage. Die Stücke müssen öfter umgehängt werden, damit sie gleichmäßig räuchern. Die Farbe sollte goldgelb-bräunlich und nicht grauschwarz sein.

Geräucherter Schweinebauch
– Nasspökelung
Dazu werden Bauchstücke sauber zugeschnitten. Die Brustspitzen und der weiche Speck werden dabei nicht verwendet. Es ist jedem selbst überlassen, ob die Rippen auf dem Bauch bleiben, ob sie abgeschält oder herausgelöst werden. Der Bauch wird wie Rohschinken weiterverarbeitet. Man muss aber vorsichtig mit dem Salz umgehen, denn diese Stücke sind dünner. Die Pökeldauer beträgt ca. zwei Wochen.

Rohschinken, Geräucherter Bauch
– Trockenpökelung
Hier wird das Fleisch ohne Lake gepökelt (Trockenpökelung). Man verwendet pro Kilogramm Fleisch ca. 30–40 g Salz. Auf Wunsch können Gewürze wie Pfeffer, Koriander und Kümmel daruntergemischt werden. Nun wird jedes Stück einzeln sorgfältig mit Salz und den verwendeten Gewürzen eingerieben. Dünnere Stücke müssen schwächer gesalzen werden. Das Fleisch wird sehr dicht in den Pökelbottich gesetzt, damit möglichst wenig Hohlräume entstehen. Auf die oberste Schicht Fleisch kann ein Deckel gelegt werden, dieser wird mit einem Stein beschwert. Das Fleisch wird alle zwei bis drei Tage aus dem Gefäß geräumt und umgeschichtet. Dadurch zieht der Schinken bzw. der Bauch schön gleichmäßig durch. Dünnere Stücke (Bäuche) sind nach zwei Wochen, dickere Stücke (Schinken) sind nach vier Wochen durchgepökelt. Das Fleisch wird nun gründlich abgewaschen und aufgehängt. Die weitere Bearbeitung ist dieselbe wie bei der Nasspökelung.

Schweineschmalz

Die Herstellung von Schweineschmalz hat in den letzten Jahren stark an Bedeutung verloren. Der Hauptgrund liegt in der Umstellung der Ernährung des Menschen: tierische Fette werden weitgehend durch pflanzliche ersetzt. Außerdem wurden das Zuchtziel und die Fütterung der Tiere stark verändert, so dass gar nicht mehr so viel Fett anfällt.

Will man die Grieben vom Speck in der Blutwurst haben, so erfolgt das Auslassen des Specks gleich nach der Schlachtung. Wird das erst zu einem späteren Zeitpunkt gewünscht, muss der Speck möglichst rasch durchgekühlt werden. Es gibt einige Möglichkeiten zum Zerkleinern des Specks vor dem Auslassen. Werden die Grieben für die Wurst verwendet, sollten sie von Hand oder mit dem Speckschneider zerkleinert werden, ansonsten kann die Zerkleinerung mit der Erbsenscheibe oder auch mit einer Scheibe mit kleineren Löchern erfolgen. Für den Schmer gilt das gleiche, nur sollte man diese Grieben nicht zur Wurstproduktion verwenden.

Der zerkleinerte Speck kommt nun in einem Tiegel auf den Herd, er kann aber auch im Kessel ausgelassen werden. Gleich zu Beginn wird etwas Wasser zugegeben, damit der Speck am Boden nicht anhaftet. Die Temperatur sollte ca. 120 °C betragen. Wird das Fett zu heiß ausgelassen, verbrennt es, die Folgen sind ein verbrannter Geschmack und bräunliche Farbe des Schmalzes. Liegt die Temperatur unter dem Sollwert, so kann die Haltbarkeit beeinträchtigt werden. Beim Ausschmelzen des Specks wird den Grieben das Fett entzogen und das Wasser verdunstet. Während des Auslassens kann dem Speck eine

Zwiebel zugegeben werden, das verbessert den Geschmack. Außerdem ist darauf zu achten, dass das Fett öfter umgerührt wird, um ein Anbrennen der Grieben am Boden zu vermeiden. Der Ausschmelzvorgang ist beendet, wenn die Grieben eine gelb-braune Farbe haben. Nun wird die Flüssigkeit in einem Seiher oder Sieb abgeschüttet. Die Grieben bleiben zurück und werden ausgedrückt. Wenn die Grieben zur Wurstherstellung verwendet werden, darf man sie nicht zu stark bräunen und muss sie sofort in kaltes Wasser schütten, damit sie nicht nachdunkeln. Die Wurst bekommt ansonsten einen brenzligen Geschmack. Soll das Schmalz lange haltbar sein, kann man es nach dem Abschütten noch etwas weiter erhitzen, dann verdampft der Rest des Wassers.

Das Schmalz kann in Kochtöpfen, Steinguttöpfen oder Konservendosen aufbewahrt werden. Wichtig ist, das heiße Schmalz möglichst schnell abzukühlen und dabei immer wieder einmal umzurühren, sonst entstehen im Schmalz die unerwünschten Risse. Die Oberfläche sollte glatt sein. Ist das Schmalz erstarrt, wird es mit einem Stück Cellophanpapier an der Oberfläche sauber abgedeckt, damit keine Luft an das erstarrte Schmalz kommt. Die Behälter werden mit einem Deckel verschlossen und mit dem Datum versehen. Das Fett ist korrekt gelagert, wenn es in einem dunklen, trockenen und kühlen Raum steht. Sonst ist es möglich, dass das Schmalz ranzig wird.

Konservieren von Fleisch- und Wurstwaren

Bei einer Hausschlachtung fallen zumeist größere Fleisch- und Wurstmengen an, die nicht ohne Behandlung aufbewahrt werden können. Für den Frischverzehr kann man immer nur eine begrenzte Menge verbrauchen, der Rest muss durch verschiedene Konservierungsmethoden vor dem Verderben geschützt werden.

Salzen und Räuchern

Salzen und Räuchern waren bis zum Beginn des zwanzigsten Jahrhunderts die einzigen Methoden zur Haltbarmachung von Fleisch und Wurst. Die Wurst wurde ausschließlich in Därme gefüllt und nach dem Kochen kalt angeräuchert, Dauerwurst wurde luftgetrocknet oder nur geräuchert. Das Fleisch und die Knochen wurden in Ton- oder Holzständern eingesalzen und so aufbewahrt. Das Salz hat eine bakterienhemmende Wirkung, es verhindert die Ausbreitung von Bakterien, damit ist die Haltbarkeit auf längere Zeit gewährleistet. Viele Fleischteile wurden auch gesalzen und geräuchert. Beim Räuchern werden Teile von Holz verbrannt, dabei werden chemische Stoffe frei, durch deren Einwirkung bestimmte Bakterienstämme abgetötet werden. Die Haltbarkeit des Fleisches bzw. der Wurst wird dadurch erhöht. Außerdem wird beim Salzen und Räuchern dem Material Wasser entzogen, was die Lagerfähigkeit ebenfalls verbessert. Heutzutage haben diese Konservierungsmethoden nur noch eine geringe Bedeutung, was aber noch lange nicht heißt, dass man beim Salzen und Räuchern nicht gewissenhaft arbeiten soll. Wird Fleisch oder Wurst auf diese Weise haltbar gemacht, so entstehen Gewichtsverluste bis zu 50%. Außerdem wird die Ware durch die Austrocknung sehr hart. Salzen und Räuchern wird heutzutage eher wegen der Aromabildung angewandt. Das Fleisch bzw. die Wurst wird hinterher oft eingefroren aufbewahrt.

Kühlen

Kühlen von Fleisch und Wurst ist eine sehr kurzfristige Konservierungsmethode. Dieses Verfahren ist in erster Linie sofort nach der Schlachtung wichtig, damit sich die Bakterien im Fleisch (im schlachtwarmem Körper) nicht zu stark ausbreiten können. Außerdem muss das Fleisch, das Halbfertigprodukt bzw. das Endprodukt zwischen jeder weiteren Verarbeitungsstufe gekühlt werden, um es so vor dem Verderb zu bewahren, das heißt z. B. von der Schlachtung bis zum Zerlegen, dann bis zum Wursten, schließlich bis zum Verkauf bzw. zum Gefrieren. Das ist besonders in Selbstvermarktungsbetrieben zu berücksichtigen.

Bei Frischfleisch hat bei bestimmten Fleischteilen das Abhängen große Bedeutung, wie zum Beispiel bei Rostbraten, Filets usw. Das ist ebenfalls nur bei entsprechenden Temperaturen möglich. Das Abhängen sollte aber dennoch nur über einen begrenzten Zeitraum erfolgen, denn irgendwann beginnt das Fleisch zu faulen.

In den ersten Tagen (bei manchen Fleischteilen auch Wochen) verbessert sich beim Kühlen die Qualität, danach flacht sie schnell wieder ab, das endet mit dem völligen Verderb. Wird das Hausschlachten bzw. das Selbstvermarkten in größerem Umfang und vor allem auch im Sommer betrieben, so kann man auf einen Kühlraum wohl kaum verzichten. Heutzutage gibt es in vielen Gemeinden solche Einrichtungen, die sich natürlich für Hobbymetzger oder Privathaushalte anbieten. Oft kann man diese Räume gegen die Entrichtung einer geringen Gebühr benutzen. Früher musste man sich dadurch behelfen, dass nur in den Wintermonaten geschlachtet wurde, um so dem Verderb der Fleisch- und Wurst-

Lagerfähigkeit von Schlachtkörpern		
Material	maximal	ideal
Blut, Innereien	2 – 4 Tage	frisch verwerten
Schwein	1 – 2 Wochen	2 – 3 Tage
Kalb, Hammel, Ziege	2 Wochen	1 Woche
Rind – Voderviertel	2 Wochen	1 Woche
– Hinterviertel	3 – 4 Wochen	2 Wochen

waren entgegenzuwirken. In vielen Bauernhäusern waren gute Keller vorhanden, die einem Kühlraum von der Temperatur her nicht weit nachstanden. Dadurch konnte die Schlachtsaison bis in die Frühjahrsmonate ausgeweitet werden, denn in den dicken Natursteinmauern waren noch Kältereserven gespeichert.

Steht beim Hausschlachten im Sommer keine Kühlmöglichkeit zur Verfügung, so müssen zumindest kühle Tage abgewartet werden. Außerdem empfiehlt es sich, das Fleisch noch am gleichen Tag zu zerlegen und einzufrieren. Das ist sicherlich mit Nachteilen verbunden – das Fleisch ist beim Zerlegen noch nicht schnittfest, außerdem ist der Schlachttag mit noch mehr Stress verbunden. Das ist aber immer noch besser, als sich später mit halbverdorbener Ware zufrieden zu geben. Auf die Herstellung von Konserven und Schinken sollte verzichtet werden, denn das ist ohne Kühlmöglichkeit nur schwer möglich. Schwere Schweine oder gar Großvieh sollten im Sommer überhaupt nicht ohne Kühlmöglichkeit geschlachtet werden, weil dabei zu große Mengen Fleisch anfallen.

Beim Kühlen spielen die Kriterien Temperatur, Luftfeuchtigkeit und Luftumwälzung eine Rolle. Die Kühltemperatur in einem Kühlraum sollte im Bereich von +1 bis max. +4 °C liegen. Dabei sollte die Luftfeuchtigkeit umso niedriger sein, je höher die Temperatur

ist. Der Bereich liegt hier bei ca. 70-90 %. Minusgrade im Kühlraum sollten vermieden werden, denn gefrorenes Fleisch lässt sich nur schwer ausbeinen bzw. weiterverarbeiten. Es gibt einige Ausnahmen bei der Wurstherstellung, wo das Anfrieren angestrebt wird, darauf wird aber speziell hingewiesen. Man sollte darauf achten, die Tür zum Kühlraum möglichst wenig zu öffnen. Durch den Eintritt der warmen Luft kommt es im Kühlraum zu einem Kondensationsvorgang, die Fleisch bzw. Wurstoberfläche wird feucht, was sich negativ auf die Haltbarkeit auswirkt.

Im Kühlraum sollte außerdem großer Wert auf Hygiene gelegt werden, es sollten in erster Linie weder verdorbenes Fleisch noch Tiere im Fell, Därme oder Schlachtabfälle aufbewahrt werden. Die dadurch entstehenden negativen Gerüche werden vom Fleisch bzw. der Wurst leicht aufgenommen. Außerdem sollten die Schlachtkörper bzw. Fleischteile nicht zu dicht gehängt werden, sonst kann es vor allem bei schlachtwarmem Fleisch passieren, dass es erstickt, das heißt die Durchkühlung auf den Kern geht zu langsam vor sich. Ein schnelles Durchkühlen muss gewährleistet sein. Man sollte außerdem den Kühlraum mindestens einmal pro Woche gründlich reinigen und auch von Zeit zu Zeit desinfizieren, dadurch wird die Ausbreitung von Bakterien unterbunden und gleichzeitig ist so im Kühlraum immer ein frischer Geruch.

Die auf Seite 137 genannte Lagerdauer hat sich in der Praxis bewährt. Die Werte beziehen sich auf ganze Tierkörper, Hälften, bzw. Viertel, nicht auf ausgebeintes (schieres) Fleisch, bei einer Temperatur von ca. +1 °C und einer Luftfeuchtigkeit von ca. 80–90 %.

Gefrieren

Wohl die meisten Fleischwaren sowie Wurstwaren im Darm werden beim Hausschlachten durch Tiefgefrieren haltbar gemacht. Diese Konservierungsmethode ist sehr sicher und relativ einfach zu handhaben. Schon unsere Vorfahren haben in den kalten Wintermonaten bei Dauerfrost Fleischteile hängen lassen und bemerkt, dass so das Material für einige Wochen für den Verzehr noch tauglich war.

Frisches Fleisch oder frische Wurst auf dem Tisch – das schmeckt zweifelsohne am besten. Werden jedoch beim Tiefgefrieren bestimmte Regeln eingehalten, so weicht die Beschaffenheit und der Geschmack des Fleisches oft nur wenig vom frischen ab. Sehr wichtig ist dabei, dass das Gerät funktioniert und dass beim Verpacken richtig vorgegangen wird. Außerdem müssen bei der Lagerzeit, der Auftauzeit und der weiteren Verarbeitung bestimmte Dinge beachtet werden.

Beim Einfrieren wird dem Material Wärme entzogen, bis das Material bis auf den Kern gefroren ist. Das Wasser im Fleisch wird dabei in Eiskristalle umgewandelt. Es hat sich herausgestellt, dass eine Temperatur von -18 °C bis -20 °C erforderlich ist, um Lebensmittel für den Verzehr zu erhalten. In diesem Temperaturbereich sind für Bakterien keine oder so gut wie keine Lebensbedingungen mehr vorhanden, so dass die Haltbarkeit gewährleistet ist. Das Einfrieren sollte so rasch wie möglich vor sich gehen. Das Material muss in möglichst kurzer Zeit bis in den Kern gefroren sein, dann ist der Fleischsaftverlust beim Auftauen am geringsten. Es sollte deshalb zum Einfrieren die Temperatur noch weiter herabgesetzt werden (ca. -25 °C). Eine Gefriertruhe sollte nicht auf einmal gefüllt werden, dadurch steigt die Temperatur zu weit an und der Gefrierprozess dauert umso länger. Es ist also zu empfehlen, eine Schicht Fleisch oder Wurst in die Gefriertruhe zu legen und dann sechs bis acht Stunden abzuwarten. Fleisch wird in Portionen von allerhöchstens 2,5 kg eingefroren, damit auch hier ein schnelleres Gefrieren bis in den Kern gewährleistet ist. Das Gleiche gilt hier für die Auftauzeit. Je größer dabei ein Fleischstück ist, desto länger dauert der Auftauprozess. Der Kern ist dann noch gefroren und in den äußeren Schichten können sich schon die Bakterien vermehren.

Einfrieren kann man fast sämtliche Fleisch- und Wurstwaren bis hin zu Halbfertigprodukten wie panierten Schnitzeln, Frikadellen, Schaschlikspießen usw. Bei den Kühl- bzw. Abhängezeiten vor dem Tiefgefrieren ist Folgendes zu beachten: Innereien, Speck, Wurst, Halbfertigprodukte, Hackfleisch, Bratwürste, Kochschinken usw. sollten möglichst schnell nach der Herstellung gekühlt und hinterher eingefroren werden. Jeden Tag danach vermindert sich die Qualität dieser Produkte. Was das Fleisch betrifft: die Schlachtkörper der einzelnen Tierarten müssen so gelagert werden, wie es im Abschnitt „Kühlen" beschrieben wurde. Nach dem Zerlegen kommen die Fleischteile möglichst rasch in die Gefriertruhe. Das Material muss immer gut durchgekühlt sein, dann kommt es in Gefrierbeutel, die Luft wird so gut wie möglich entzogen, anschließend werden die Beutel mit einem Gummiring oder Clip verschlossen. Danach sollten die verschlossenen Beutel alsbald in die Gefriertruhe gelegt werden.

Das Material kann im Kühlschrank, bei Zimmertemperatur, in warmem Wasser oder in der Mikrowelle aufgetaut werden. Entsprechend lang sind die Auftauzeiten; das muss bei der weiteren Verarbeitung (Braten, Kochen usw.) berücksichtigt werden. Das Auftauen im warmen Wasser und in der Mikrowelle sollte nur in Ausnahmefällen angewandt werden. Wie eingangs bereits erwähnt, können fast sämtliche Fleisch- und Wurstwaren durch Tiefgefrieren haltbar gemacht werden. Dabei hat jedes Produkt seine Eigenheiten. Dementsprechend müssen auch verschiedene Dinge beachtet werden, um nicht später mit einem langen Gesicht am Tisch zu sitzen.

Fleisch zum Braten und Sieden

Fleischstücke von sämtlichen Haustieren sind dazu geeignet. Die Teile werden in die gewünschten Portionen geschnitten und verpackt. Die Lagerdauer beträgt beim Schwein und Kalb sechs bis acht Monate, bei Schaf, Ziege und Rind bis zu zwölf Monate.

Speck

Speck (auch geräucherter Speck) in Portionen abpacken und einfrieren. Bei Speck leidet die Qualität sehr schnell durch das Tiefkühlen. Die Lagerdauer sollte deshalb nicht länger als drei Monate sein. Das muss auch bei allen Braten berücksichtigt werden, bei denen vor dem Einfrieren der Speck nicht abgetrennt wurde.

Knochen

Die Knochen werden gesägt oder zerhackt in Portionen abgepackt. Das Problem ist dabei, dass durch die scharfen Kanten der Knochen oft die Beutel zerreißen, außerdem wird für Knochen viel Raum in der Truhe benötigt. Die bessere Lösung ist, die Knochen auszukochen und die Fleischbrühe einzufrieren (siehe Herstellung von Aspik, Seite 125). Sehr gut eignen sich dafür Kunststoffbecher (Joghurtbecher, Sahnebecher). So hat man z. B. zur Herstellung von Soßen oder Suppen immer einige Portionen Fleischbrühe zur Hand.

Die Lagerdauer für Knochen und Fleischbrühe liegt bei ca. sechs Monaten.

Wurstwaren

Soll Darmwurst eingefroren werden, so ist schon bei der Herstellung darauf zu achten, dass für die Wurst nicht zu viel Wasser, Blut, Speck und Salz verwendet wird, da das die Qualität negativ beeinflusst. Es ist zu empfehlen, die Wurst in Portionen zu schneiden, abzupacken und einzufrieren. Beim Auftauen der Wurst sollte besonders behutsam vorgegangen werden. Am besten taut man die Wurststücke in einer Schüssel mit luftdichtem Verschluss im Kühlschrank auf, das dauert zwischen zwei und drei Tagen. Danach hat die Wurst wieder eine ähnliche Struktur wie frische Wurst, das heißt, sie ist nicht wässrig und nicht ausgetrocknet. Bauernbratwürste werden roh eingefroren, dabei empfiehlt es sich, die Würste am Strang in der Truhe auszulegen. Sind sie angefroren, steckt man sie in einen großen Beutel. So hat man die Möglichkeit, einzelne Würste oder größere Portionen aufzutauen. Das ist besonders von Vorteil, wenn unverhofft Besuch kommt, man kann so schnell etwas Gutes servieren. Bratwürste können gefroren gebrüht werden, das dauert natürlich länger. Die Lagerdauer für Koch-, Roh- und Brühwurst beträgt drei bis vier Monate, für Bratwürste nur vier bis sechs Wochen.

Roher Schinken

Nach dem Räuchern lässt man den Schinken ca. zwei Wochen abhängen, dann werden ganze Schinken oder Teilstücke verpackt und eingefroren. Der Schinken kann auch geschnitten eingefroren werden. Durch das Einfrieren trocknet er nicht völlig aus, dann ist er beim Verzehr nicht so hart. Sicherlich kann man den Schinken auch in einem dunklen, kühlen Raum aufbewahren, wenn er richtig hergestellt wurde, er schimmelt dann nicht. Durch Einfrieren kann er ohne weiteres sechs bis acht Monate aufbewahrt werden. Ist der Schinken jedoch fett, so sollte die Lagerzeit nicht mehr als drei bis vier Monate betragen, da das Fett ranzig wird.

Gekochter Schinken/Rippchen gegart

Gekochter Schinken wird geschnitten und portionsweise verpackt, Rippchen werden gehackt und verpackt eingefroren. Die Lagerdauer sollte höchstens drei Monate betragen.

Hackfleisch/Brät

Zu Portionen verpacken und einfrieren. Es ist jedoch besser, Fleisch- und Fettteile einzufrieren und diese erst nach dem Auftauen zu wolfen bzw. zu kuttern. Die Lagerzeit bei Hackfleisch, vor allem bei fetterem, sollte zwei bis drei Monate nicht überschreiten.

Leber

Leber kann in Scheiben geschnitten oder gewolft eingefroren werden, sie wird zuvor ebenfalls in Portionen abgepackt. Nach acht bis zwölf Wochen sollte sie verzehrt werden.

Zunge, Herz, Kuttel

Diese Innereien können roh oder gegart in Portionen verpackt eingefroren werden. Man kann sie auch in Scheiben bzw. Streifen geschnitten einfrieren. Man kann diese Fleischteile durchweg fünf bis sechs Monate gefroren aufbewahren.

Nieren

Hier müssen die Harnwege zunächst sauber entfernt werden. Nach gründlichem Waschen werden die Nieren zu Portionen verpackt roh eingefroren. Die Lagerdauer beträgt maximal drei Monate.

Halbfertigprodukte

Darunter fallen Klöße, Maultaschen, panierte Schnitzel, Schaschlikspieße, Frikadellen, Rou-

laden usw. Diese Fleischwaren werden hergerichtet und dann in Portionen verpackt eingefroren. Dabei werden gewöhnlich Klöße und Maultaschen zunächst abgekocht, die Frikadellen im heißen Fett angebraten. Stehen die Portionen noch nicht fest, können diese Fleischwaren auch zunächst einzeln auf Drahtgittern in der Truhe ausgelegt werden. Sind sie angefroren, steckt man sie (wie bei den Bratwürsten beschrieben) in einen großen Gefrierbeutel, so kann beim Auftauen noch die Portion festgelegt werden.

Diese Halbfertigprodukte werden sofort bei der Verarbeitung der Schlachttiere hergestellt. Das hat den Vorteil, dass man nicht jedesmal wieder die ganze Arbeit hat bzw. dass man die Zutaten, die man nicht selbst hat, auf einmal zukaufen kann. Außerdem ist das berufstätigen Hausfrauen sehr zu empfehlen, da man ohne großen Aufwand schnell ein gutes Essen zubereiten kann. Die Lagerdauer dieser Fleischwaren sollte drei bis vier Monate nicht überschreiten.

Sterilisieren

Dies ist eine in der Hausschlachtung sehr häufig angewandte Methode, die große Bedeutung hat. Fast sämtliche Fleisch- und Wurstwaren können auf diese Weise konserviert werden. Am häufigsten wird die Sterilisation aber bei Wurst angewendet, die Wurstmasse kommt direkt in die Dose oder das Glas. Am gebräuchlichsten ist das Konservieren von Wurstmasse im 0,5 l-Glas bzw. in der 0,5-Liter-Dose. Sollte das Gefäß größer oder kleiner sein, muss beim Kochen entsprechend Zeit zugeschlagen oder abgezogen werden. Eine 1-Liter-Dose braucht aber nicht doppelt so lange wie eine 0,5-Liter-Dose, sondern vielleicht 20 Minuten mehr. Die Einkochzeiten sollten exakt eingehalten werden, wird die

Zeit überschritten, besteht die Gefahr, dass die eingekochte Ware zu weich wird.

Wurstmasse in Dosen
Nachdem die Dosen gefüllt sind, werden die Ränder gesäubert und bis zum Einkochen kühl gestellt, damit sich möglichst wenig Keime bilden. Die Dosen werden erst unmittelbar vor dem Einkochen verschlossen und kommen in den bereits heißen, wenn nicht gar kochenden Kessel. Dadurch kühlt der Kessel ab, es wird nun kräftig gefeuert, damit die Konserven möglichst schnell zum Kochen kommen. Von diesem Moment an werden sie zwei Stunden gekocht. Es ist wichtig, dass die Dosen stets unter Wasser sind und dass sie immer kochen. Ist die Kochzeit abgelaufen, werden sie im kalten Wasser abgekühlt. Da sich das Wasser dabei erwärmt, muss es mehrmals gewechselt werden. Am Folgetag werden die Dosen mit einem Tuch abgerieben. Es ist außerdem kein Fehler, sie mit einem fettigen Lappen nachzureiben, damit sie nicht rosten. Im Wesentlichen gibt es zwei Arten von Dosen – mit der Maschine verschließbare und mit Klammer verschließbare. Beim ersten Typ wird in diesem Fall auch die Dose beschrieben, die abgeschnitten und wieder verwendet wird. Diese Dose darf randvoll gefüllt werden, das hat den Vorteil, dass nach dem Einkochen die obere Schicht des Inhalts nicht die störende graue Farbe hat. Bei jedem Füllen muss ein neuer Deckel verwendet werden. Auch Dosen von Obst- und Gemüsekonserven, die im Handel gekauft wurden, können abgeschnitten und gefüllt werden.

Bei der Dose mit Klammer wird kein neuer Deckel benötigt, da sie mit einer Klammer geschlossen wird, außerdem ist man nicht auf eine Dosenverschließmaschine angewiesen. Es sollte allerdings bei jedem Einkochen ein neuer Gummiring verwendet werden; dabei ist zu beachten, dass er nicht verkantet in den Deckel gelegt wird. Diese Dose darf beim Füllen nur bis ca. 1 cm unter den Rand gefüllt werden. Deshalb kann es erforderlich sein, diese Dosen beim Einkochen und Abkühlen zu beschweren, damit sie nicht schwimmen.

Wurstmasse in Gläsern
Gläser werden in den letzten Jahren wieder immer öfter beim Konservieren von Fleisch- und Wurstwaren bevorzugt. Sie haben den Vorteil der Wiederverwendbarkeit, es fällt kein Müll an. Wichtig ist auch die Kostenfrage – Gläser kann man viele Jahre benutzen, wenn man auf sie achtet. Außerdem ist das Glas sehr hygienisch, es hat keinen Beigeschmack und es rostet nicht. Der Nachteil bei Gläsern ist, dass beim Einkochen wegen der Bruchgefahr viel sorgfältiger gearbeitet werden muss. Die Gläser kommen in gut lauwarmes Wasser (ja nicht in kochendes, durch den Temperaturschock besteht Bruchgefahr), dann werden sie bis zum Kochen erhitzt. Von diesem Zeitpunkt an wird wie bei Dosen mit zwei Stunden gerechnet. Danach werden die Gläser herausgenommen und in einem kühlen Raum abgekühlt – wegen Bruchgefahr nicht in kaltes Wasser stellen! Auch bei den Gläsern nach dem Einkochen die Ränder abwischen und bis zum Einkochen kühl stellen, erst vor dem Einkochen verschließen.

Gläser mit Schraubdeckel
Diese Gläser sind eine sehr gute Alternative zu den Dosen. Es handelt sich dabei um „Sturzgläser" – das heißt, das Glas ist am Deckel mindestens so weit wie am Boden. Die Wurst kann somit beim Öffnen in einem Stück aus dem Glas genommen werden, und man kann schöne Vesperscheiben schneiden. Schraubgläser dürfen bis ca. 2 cm unter den Rand gefüllt werden. Im Bedarfsfall können die Deckel nachgekauft werden. Man kann Gläser von Obst- oder Gemüsekonserven aus dem Handel wieder verwenden, wenn sie einen Deckel mit Gewinde haben.

Auch die Gläser müssen beim Einkochen stets mit Wasser bedeckt sein, man kann dabei auch mehrere Schichten Gläser übereinander stellen. Schraubgläser können auch im Kessel sterilisiert werden.

Gläser mit Gummiring

Hier kommt ein Gummiring auf den Glasrand, anschließend wird der Deckel daraufgelegt. Diese Gläser müssen in einem Einkochtopf sterilisiert werden, dabei wird der Deckel mit einer Klammer am Glas befestigt, damit er fest sitzt. Diese Klammer wird erst nach dem Erkalten der Gläser wieder entfernt. Im Unterschied zu den Schraubgläsern darf man hier nur eine Schicht Gläser in den Einkochtopf stellen. Die Gläser sollten nur zu drei Viertel gefüllt sein, um ein Auskochen zu vermeiden. Das Wasser im Einkochtopf darf nur bis ca. 5 cm unter den Deckelrand stehen.

142

Auswahl von Dosen und Gläsern

Kleines Lexikon der Hausmetzgerei

Abklopfen
Abhäuten mit dem Spalterrücken oder Abhäutehammer

Aufflechsen
Freilegen der Sehnen an den Hinterfüßen

Aufschlossen
Öffnen des Beckenknochens bei den Schlachttieren

Ausweiden
Ausnehmen der Eingeweide beim Schlachttier

Bindung
Wurstbrät bekommt eine feine Beschaffenheit

Blitz
siehe Kutter

Bolzenschussapparat
Gerät zum Betäuben der Schlachttiere

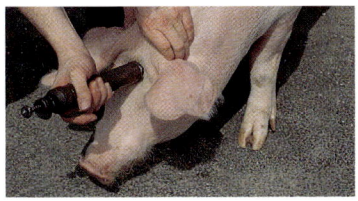

Brät
Wursteig

Bratdarm
Dünndarm vom Schwein

Bries
Bauchspeicheldrüse, wird gern als Kesselfleisch verzehrt

Brühbutte
fassförmiges Gefäß zum Brühen eines Schweines

Brühen
Einwirkung von heißem Wasser, damit die Haut „geht"

Brühmulde
wannenförmiges Gefäß zum Brühen eines Schweines

Brühwurst
Wurst aus rohem, zerkleinertem Fleisch, gebrüht, gebraten oder gebacken

Butte
Blinddarm von Schwein, Rind, Schaf und Kalb; Verwendung als Wursthülle

Einlagefleisch
grobe Fleischteile in der Brühwurst

Eisschnee
Kühlmittel beim Bräthacken

Fäusten
Abdrücken der Haut beim Kleinvieh mit der Faust

Federn
Abspalten der Dornfortsätze beim Rind

Fleischnaht
natürliche Abtrennung der Fleischteile

Galgen
Vorrichtung zum Aufhängen eines Tieres für Schlachtarbeiten

Garen
Kochen von Fleisch oder Wurstmasse in Wasser

Geräusch
Innereien der Brusthöhle

Gerbe
beim Abhäuten in die Haut geschnittener Kratzer

Gewaid
Innereien der Bauchhöhle

Grieben
Speckwürfel, die beim Auslassen von Schmalz übrig bleiben

Gurgeln
falscher Einstich bei der Blutentziehung in die Luft- bzw. Speiseröhre

Hären
Abrasieren der Borsten mit dem Messer
bzw. Abflammen mit der Gasflamme

Hautschaffen
Abhäuten der Schlachttiere

Heißräuchern
Räuchern mit Hartholz im Bereich 60 bis
70 °C

Kalträuchern
Räuchern mit Hartholzsägemehl im
Bereich 18 bis 24 °C

Kerntemperatur
Temperatur im Innern der Wurst

Kochwurst
Wurstsorten, die aus gekochten Fleisch-
und Fettteilen hergestellt werden

Kranzdarm
Dünndarm des Rindes

Krausdarm
Dickdarm des Schweines

Kuttel
Pansen bei Wiederkäuern (Rind, Schaf,
Ziege)

Kutter
Maschine zur Zerkleinerung von Fleisch
bzw. Speck bei der Wurstherstellung

Lake
Salz in Wasser gelöst

Lakemesser
Gerät zum Feststellen der Salzkonzentra-
tion

Lakespritze
Gerät zum Einspritzen von Lake in die
Fleischteile

Lakewaage
Gerät zum Messen der Lakestärke

Mengemulde
Schüssel bzw. Wanne zum Wursten

Micker
siehe Nicker

Mitteldarm
Dickdarm des Rindes ohne Butte

Nagelholz
Querholz am Galgen zum Aufhängen von
Schlachttieren

Nasspökeln
Einlegen von Fleisch in Lake

Naturdarm
natürliche Wursthülle (in der Regel von
Rind, Schwein, Schaf)

Naturindarm
luftdurchlässiger Kunstdarm, hergestellt
aus Naturfasern

Nicker
Darmfett (Darmgekröse)

Pökeln
Einsalzen mit Nitritpökelsalz

Rohrknochen
Oberarm- bzw. Oberschenkelknochen

Rohwurst
Wurstsorten, die nicht gegart werden
(bleiben in rohem Zustand)

Rötemittel
(Umrötehilfsmittel) meist Ascorbinsäure-
mittel, beschleunigen und stabilisieren die
Umrötung

Rüsseln
Anschneiden des Rüssels beim Schwein;
dadurch kann das Tier bei den Brüh- und
Härarbeiten gehalten werden

Saitling
Dünndarm des Schafes

Salzen
Einsalzen mit Kochsalz

Schabglocke
Werkzeug zum Abkratzen der gebrühten
Haut

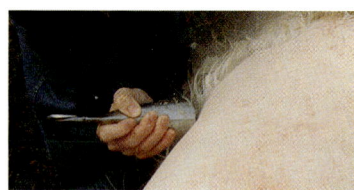

Schaffen
Abhäuten

Scharre
siehe Schabglocke

Schaufel
Schulterblatt

Schier(es) Fleisch
ausgebeint(es) Fleisch

Schlachtschragen
Vorrichtung, auf die ein Schlachttier zu
Schlachtarbeiten gelegt wird

Schleimen
Abkratzen der Schleimschicht beim
Blinddarm (bei Rind, Schaf und Schwein)

Schlesinger
Schaber aus biegsamem Kunststoff

Schloss(knochen)
Becken(knochen)

Schmer
Bauchfett (Nierenfett)

Schrotfleisch
siehe Einlagefleisch

Schwimmer
Lattenrahmen zum Beschweren der Wurst
im Kessel bzw. Abkühlbecken

Spalter
Fleischerbeil

Stechen
Blutentziehung bei der Schlachtung

Sterildarm
luftdichter Kunstdarm

Strählen
siehe Federn

Trog
siehe Brühmulde

Trockenpökeln
trockenes Einsalzen von Fleischstücken

Umröten
chemischer Prozess, bei dem das Fleisch
durch die Pökelstoffe die typische rote
Farbe bekommt

Verbügen
falscher Einstich bei der Blutentziehung
zwischen Rippen und Bug

Weiße Leber
siehe Bries

Wolfen
Zerkleinern von Fleisch- und Fettteilen mit
dem Fleischwolf

Zapfen
Fleischstückchen am Zwerchfell
(Rückgratseite), das für die Trichinenschau
verwendet wird

Literaturverzeichnis

Binder, E.: Räuchern. Fleisch, Wurst, Fisch. Verlag Eugen Ulmer, Stuttgart 2001.

Keim, H.: Modernes Fleischerhandwerk. Band 2: Fachwissen, Technologie. Dt. Fachverlag, Frankfurt/Main 1999.

Koch, H., Fuchs, H., Gemmer, H.: Die Fabrikation feiner Fleisch- und Wurstwaren. Dt. Fachverlag, Frankfurt/Main 1992.

Schmidt, K.-F.: Wurst aus eigener Küche. Verlag Paul Parey, Berlin 1996.

Schmidt, K.-F.: Schinken und andere Delikatessen einfach selbst geräuchert. Verlag Paul Parey, Berlin 1999.

Wirthgen, B., Maurer, O.: Direktvermarktung. Verarbeitung, Absatz, Rentabilität, Recht. Verlag Eugen Ulmer, Stuttgart 2000.

Merkblätter Direktvermarktung: Arbeitsgemeinschaft Direktvermarktung beim Regierungspräsidium Stuttgart unter Mitarbeit der Chemischen und Veterinäruntersuchungsämter in Baden-Württemberg

Danksagung

Viele Fragen konnten nur durch die freundliche Mithilfe und in Zusammenarbeit mit Behörden und Institutionen geklärt werden:

Handwerkskammer Heilbronn, Herr Weiss

Wirtschaftskontrolldienst Künzelsau, Herr Gross

Finanzbehörde Künzelsau, Frau Kraut

Universität, Gesamthochschule Kassel, Herr Professor Dr. Wirthgen

Regierungspräsidium Stuttgart, Arbeitsgemeinschaft Direktvermarktung, Frau Kisling

Chemisches und Veterinäruntersuchungsamt Fellbach, Herr Dr. Stürmer

Steuerberatungsbüro Megerle, Herr Dipl.-Finanzwirt (FH), Steuerberater Rolf Megerle

Fleischerei-Berufsgenossenschaft Mainz, Herr Maubach

Maschinen, Geräte, Hilfsmittel und Zutaten für die Verarbeitung von Fleisch und die Herstellung von Würsten sind bei den örtlichen Fleischer-Ein- und Verkaufsgenossenschaften erhältlich und außerdem bei vielen Herstellern und privaten Anbietern, die in den Branchen-Telefonbüchern (Gelbe Seiten) zu finden sind.

Sachregister

Die Deutsche Bibliothek – CIP-Einheitsaufnahme

Ein Titeldatensatz für diese Publikation ist bei Der Deutschen Bibliothek erhältlich.

ISBN 3-8001-3904-9

© 1993, 2002 Eugen Ulmer GmbH & Co.
Wollgrasweg 41, 70599 Stuttgart (Hohenheim)
e-Mail: info@ulmer.de
Internet: www.ulmer.de
Printed in Germany
Umschlagfoto: Stockfood/Hartmut Seehuber
Foto Seite 5: Roland Bauer, Braunsbach
Lektorat: Ingeborg Ulmer, Anke Ruf
Layout: Verlagsbüro Högerle, Rexingen
Druck: Gulde-Druck, Tübingen

Mehr als nur ein Backbuch!

Lust auf saftiges Brot, resche Weckerl oder süße Köstlichkeiten aus dem eigenen Ofen? Mit einfachen Tipps und Tricks und illustrierten Arbeitsanleitungen zeigt der Ratgeber, wie man Brot und Gebäck auf unkomplizierte Weise selbst herstellen kann. Er enthält Wissenswertes über Zutaten, Teigbereitung, Teigverarbeitung und das Backen selbst. Je nach Gusto kann man aus einer Vielfalt erprobter Rezepte für Bauern-, Vollkorn-, Leinsamen-, Kartoffel- oder Kürbiskernbrot sowie Milch- oder Fladenbrot auswählen. Und sollte doch einmal etwas nicht gelingen, findet man wichtige Hinweise im Kapitel „Brotfehler und ihre Ursachen".
Brot und Gebäck selbst backen. R. Harrer-Feichtinger. 2001. 128 Seiten, 40 Farbfotos, 10 Zeichnungen. ISBN 3-8001-3679-1.

Hier erfahren Sie mehr zum Thema.

Räuchern ist nicht nur ein **traditionsreiches Verfahren** zum Haltbarmachen von Fleisch und Fisch, es macht eine Hühner- oder Gänsebrust, ein Stück vom Lamm oder einen frisch geangelten Fisch zur ganz besonderen **Delikatesse**. In diesem Buch erhalten Sie **fundierte Anleitungen** vom Räuchern von Fluss-, See- und Meerfischen über die Herstellung einfach zuzubereitender Dauerwurst bis hin zu geräuchertem Geflügel, Schwarzgeräuchertem und Räucherschinken aller Art. Dazu Tipps und Anleitungen, beispielsweise zum Bau von Räuchervorrichtungen. **Schmackhafte Rezepte** machen Lust, das Geräucherte gleich zu probieren. Im Anhang zahlreiche Adressen für Zubehör und Kontaktanschriften, wo man Räuchern lernen kann.

Räuchern. Fleisch, Wurst, Fisch. E. Binder. 4. Auflage 2001. 125 Seiten, 67 Farbfotos, 15 Zeichnungen. ISBN 3-8001-3123-4.

Endlich **wissen, was man ißt** und selbst bestimmen, welches Fleisch und welche notwendigen Zutaten man verwendet. Der Autor B. Gahm zeigt in diesem Buch, wie man sie herstellt: Rohwürste, Kochwürste, Brühwürste, Bratwürste, in Dosen oder in Därme gefüllt, frisch zu essen oder leicht geräuchert. Neben den **klassischen Wurstsorten** beschreibt der Autor **schmackhafte Sülzen** und einige **kräftige Pasteten**. Die 63 Rezepte sind mehrfach erprobt.

Würste, Sülzen, Pasteten selbst gemacht. Mit 63 erprobten Rezepten. B. Gahm. 1998. 155 S., 142 Farbf. ISBN 3-8001-6404-3.

Essig selbst bereiten. K. Hagmann, H. Graf. 2001. 123 Seiten, 58 Farbf., 8 sw-Zeichn. ISBN 3-8001-3240-0.
Obst in Fülle, Wein übrig oder einfach Lust auf Essig? Wie Sie mit einfachen Mitteln Ihren ganz persönlichen Essig herstellen können, zeigt Ihnen dieses Buch.